ALLERGIES ET INTOLÉRANCES ALIMENTAIRES

Nathalie Cayot • Philippe Cayot

Allergies et intolérances alimentaires

Fiches pratiques sur les 14 allergènes majeurs

inclus une démarche de révision de recettes

DUNOD

Graphisme de couverture : Pierre-André Gualino, graphiste
Photographie de couverture : Natasha Breen – 123rf.com
Maquette intérieure : Maud Warg
Mise en page : Nord compo

5 rue Laromiguière, 75005 Paris
www.dunod.com

ISBN 978-2-10-073854-0

TABLE DES MATIÈRES

1

ALLERGIES ET SANTÉ PUBLIQUE

POURQUOI L'ALLERGIE EST-ELLE UN PROBLÈME DE SANTÉ PUBLIQUE ?

De nombreuses personnes, en France et dans le monde, sont allergiques ou intolérantes. De grandes études internationales ont été menées dans les années 1990 pour estimer la **prévalence** des allergies, c'est-à-dire la proportion de ces personnes allergiques ou intolérantes par rapport à la population totale. En France, la prévalence des allergies alimentaires dans la population générale est estimée entre 2,1 % et 3,8 % (8 % chez les enfants). Les professionnels de santé et les autorités sont préoccupés car **les formes graves sont en augmentation**[1].

Des chiffres plus élevés sont parfois mentionnés. Ainsi, une étude réalisée dans huit grandes villes européennes (Zürich, Madrid, Utrecht, Lodz, Sophia, Athènes, Reykjavik et Vilnius) sur une population adulte (20 à 54 ans) a permis de tester 24 aliments allergènes. Cette étude a montré que la prévalence des allergies variait de 6,6 % à 23,6 %. Les allergies les moins communes étaient déclenchées par le poisson (0,2 %), le lait (0,8 %) et les œufs (0,9 %), et les plus communes par la noisette (9,3 %), la pêche (7,9 %) et la pomme (6,5 %)[2].

Le groupe scientifique de l'EFSA[1] sur les produits diététiques, la nutrition et les allergies (groupe NDA) souligne que la prévalence des allergies alimentaires est difficile à établir en raison de la rareté des études disponibles dans certaines zones géographiques et de la variété des méthodes utilisées pour recueillir des données sur la prévalence.

L'allergie est un problème de santé publique du fait de sa fréquence d'apparition dans la population, des formes graves que l'on peut constater, mais aussi du fait que l'allergie peut se déclencher en réaction à des quantités d'allergènes extrêmement faibles et donc peu détectables par des méthodes analytiques classiques. Une simple cuillère utilisée à la fois pour servir du riz et une sauce contenant des crustacés peut déclencher une allergie chez un client allergique qui avait demandé du riz sans sauce.

Environ 75 % des réactions allergiques chez les enfants sont causées par les œufs, les arachides, le lait de vache, le poisson et les noix. Environ 50 % des réactions allergiques chez les adultes sont provoquées par des fruits de la famille du latex et de la famille des Rosacées (qui comprend les pommes, les poires, les cerises, les framboises, les fraises et les amandes), les légumes de la famille des Apiacées (qui comprend le céleri, les carottes et certaines herbes aromatiques) et diverses noix et arachides.

Dans certains cas, certaines allergies peuvent disparaître avec l'âge. On dit alors qu'une tolérance alimentaire s'installe. Ce phénomène varie selon les aliments en cause. Ainsi, pour les fruits à coque, 85 % des enfants allergiques le restent toute leur vie alors que 75 % des nourrissons allergiques au lait de vache ne le sont plus à l'âge de 3 ans (éviction correcte puis réintroduction du lait dans l'alimentation). Cependant, une très grande proportion d'allergies alimentaires chez les enfants évolue vers une allergie respiratoire

---

1 EFSA = European Food Safety Authority, Autorité européenne de sécurité des aliments.

par sensibilisation aux aéro-allergènes si la prise en charge de leur allergie n'a pas fait l'objet d'une démarche de prévention. L'allergie alimentaire du nourrisson est ainsi le premier degré de « la marche allergique ». On voit apparaître des poly sensibilisations (réactions à plusieurs molécules différentes) aux fruits à coque au fur et à mesure de l'avancée en âge. On observe aujourd'hui des cas graves avec des allergènes « émergents » comme le lupin, les noix de cajou, le lait de brebis et de chèvre, les isolats de blé, le sarrasin ; un premier cas avec le quinoa a été signalé en France[3,4].

POURQUOI DOIT-ON SE PRÉOCCUPER DES PERSONNES ALLERGIQUES DANS SON RESTAURANT ?

En général, les personnes allergiques le savent et évitent les aliments non appropriés. Toutefois, la complexité des recettes ou des formulations de produits manufacturés fait qu'il y a toujours un risque de consommation accidentelle d'un allergène. Des plats au nom poétique amènent le client allergique à interroger le serveur sur la composition du plat. Le client doit pouvoir être sûr que la composition du plat est bien connue et que les ustensiles utilisés en cuisine ou lors du service sont exempts d'allergènes. Des **risques graves** (jusqu'au **décès**) sont encourus par les personnes allergiques en cas de consommation de produits non appropriés. Ce genre de situation représente également un risque commercial pour le restaurateur chez qui un incident se produit.

Le règlement européen n° 1169/2011, concernant l'information du consommateur sur les denrées alimentaires (règlement INCO), est entré en application depuis le 13 décembre 2014 dans tous les États membres de l'Union européenne. Le but de ce règlement est d'améliorer l'information des consommateurs afin de leur permettre de comparer les produits entre eux et de faire ainsi des choix plus favorables pour leur santé. Les règles s'appliquent à toutes les denrées alimentaires vendues au consommateur final.

Elles s'appliquent à tous les opérateurs du secteur alimentaire (producteurs, distributeurs, détaillants, restaurateurs, commerces de bouche spécialisés ou généralistes, cantines...), à l'exception des ventes de charité, foires ou réunions locales et des soupes populaires. Les substances allergènes présentes dans les produits préemballés doivent être mises en évidence dans la liste des ingrédients, par l'utilisation de caractères gras ou italiques par exemple. **L'obligation de mentionner la présence d'allergènes s'applique également aux produits non préemballés.**

En France, le **décret n° 2015-447 du 17 avril 2015 relatif à l'information des consommateurs sur les allergènes et les denrées alimentaires non préemballées** (*JORF* n° 0092 du 19 avril 2015) précise les modalités d'indication des allergènes dans les produits non préemballés. Pour préparer ce décret, le Conseil national de la consommation[5] a produit un rapport avec les préconisations ou remarques suivantes :

- l'information ne doit porter que sur les allergènes à déclaration obligatoire (allergènes majeurs indiqués dans l'annexe II du règlement INCO) incorporés intentionnellement dans les plats, mais ne tient pas compte des contaminations croisées ;
- la formation des professionnels sur les allergènes et les modalités d'information des personnes allergiques est essentielle ;
- afin de ne pas complexifier la mise en œuvre de ces nouvelles exigences pour les entreprises utilisatrices, il convient de ne pas reporter les étiquetages de prévention signalant d'éventuelles présences fortuites d'allergènes dans les denrées achetées par les entreprises auprès de leurs fournisseurs (*par exemple, si un ingrédient utilisé en cuisine porte la mention « contient des traces éventuelles de fruits à coque », on ne reportera pas cette mention pour le plat préparé s'il n'y a pas de fruits à coque ajoutés*) ;
- l'information doit être écrite ; elle peut être complétée, au choix des entreprises, par une information orale. Le choix du support

de cette information est laissé au professionnel, mais ce support doit être facilement et librement accessible aux consommateurs ;

- tout changement dans un produit vendu à un professionnel en vue de la fabrication d'une denrée non préemballée devrait faire l'objet d'un signalement spécifique dans les meilleurs délais au professionnel afin de permettre une actualisation en temps réel de l'information fournie au consommateur final.

Finalement, dans le décret en application depuis le 1er juillet 2015, il est précisé que, pour les denrées non préemballées (servies par les cantines, restaurants, traiteurs, rayons à la coupe des hypermarchés et supermarchés...), l'indication de la présence d'allergènes se fait obligatoirement par écrit, sans que le consommateur n'ait à en faire la demande. L'État français a choisi de laisser le libre choix aux opérateurs d'utiliser le système qui leur convient le mieux et leur permet, de la façon la plus simple, de remplir cette obligation. Pour les produits en vue d'une consommation immédiate, l'information doit être signalée à proximité immédiate de l'aliment (par exemple, vitrines des traiteurs, boucheries...), de façon à ce que le consommateur n'ait aucun doute sur le produit concerné. Pour la consommation au sein d'un établissement de restauration ou cantine, les professionnels doivent tenir à jour un document écrit sur la présence d'allergènes dans les plats proposés. Ce document doit être facilement accessible pour le consommateur à sa demande, le choix de présentation étant laissé à l'appréciation des professionnels. (http://www.economie.gouv.fr/allergenes-indiques-sur-produits-alimentaires-a-partir-1er-juillet).

Cette démarche est générale à travers le monde. Ainsi, aux États-Unis, la FDA *(Food and Drug Administration)* a établi une réglementation dénommée FALCPA *(Food Allergen Labeling and Consumer Protection Act)* qui exige d'indiquer de façon complète et en caractères gras la présence d'allergène majeur dans un aliment. Dans un plat complet qui contient habituellement un allergène et pour lequel on a utilisé un substitut, il faut également apposer une mention particulière : par exemple, « *paella without shellfish* » (« paella sans fruits de mer »).

QUELS SONT LES OBJECTIFS DE CE LIVRE ?

On peut le constater tous les jours au restaurant ou dans des échoppes de petite restauration, les restaurateurs et les employés des métiers de la restauration sont informés et formés de façon inégale sur ce qu'est l'allergie et les risques encourus. De plus, ils semblent souvent démunis quand on leur signale qu'on est allergique : manque de connaissances, confusion entre allergie et intolérance, difficulté pour substituer des ingrédients dans certaines recettes.

L'objectif de cet ouvrage est donc d'être un outil pratique à garder à portée de main pour :

- apporter une vision synthétique et claire sur le sujet ;
- donner des informations sur les produits manufacturés ou aides culinaires qui peuvent contenir des allergènes ;
- apporter des solutions techniques, ou plus exactement une démarche utilisable, afin de pouvoir adapter ses menus/recettes et accueillir plus facilement les clients allergiques ou intolérants.

Cet ouvrage n'est en aucun cas un ouvrage médical, ni une aide au diagnostic des allergies et intolérances.

2

ALLERGIES ET INTOLÉRANCES

DÉFINITIONS ET DIFFÉRENCES

Suite à la mise en contact d'une personne hypersensible et d'un agent « allergène », il peut y avoir différents signes cliniques tels que des rougeurs, des diarrhées, des difficultés respiratoires. La mise en contact peut se faire de différentes façons : inhalation, ingestion, injection, contact cutané. Dans ce livre, nous nous intéressons aux aliments, donc principalement à une mise en contact lors de l'ingestion d'un aliment.

Si ces réactions impliquent une réaction immunitaire, alors on a affaire à une allergie. Toute personne peut être hypersensible à un allergène mais c'est l'intensité des symptômes qui définit l'allergie. Si les réactions au produit ne mettent pas en jeu une réaction immunitaire, il s'agit alors d'une intolérance. En effet, l'intolérance alimentaire implique le métabolisme de la personne (par exemple, mauvaise digestion du lait), mais pas le système immunitaire.

À la différence des bactéries ou des virus, les allergènes en eux-mêmes ne constituent pas un danger pour l'organisme. Mais le système immunitaire des personnes allergiques les considère à tort comme dangereux et déclenche une réaction de défense de l'organisme contre cet intrus : c'est une réaction immunitaire, avec intervention des immunoglobulines qui sont des anticorps produits par l'organisme pour se défendre face à l'invasion d'un intrus.

Ces immunoglobulines sont produites de façon spécifique pour chaque allergène. Lors du premier contact, les immunoglobulines sont produites mais il n'y a pas de réaction visible. Ensuite, lors du deuxième contact et à chaque nouveau contact avec l'allergène, les immunoglobulines sont produites en quantité de plus en plus importantes, entraînant des réactions inflammatoires (dilatation des vaisseaux sanguins, constriction des bronches et production de mucus) (voir figure suivante). Il faut donc absolument éviter les contacts répétés avec l'allergène si l'on ne veut pas renforcer la réactivité de la personne et donc aggraver son allergie. Cela suppose d'avoir bien identifié l'allergène responsable des réactions.

La forme la plus grave d'allergie alimentaire s'appelle l'anaphylaxie. C'est une réaction allergique sévère d'installation rapide et pouvant entraîner la mort. Elle se concrétise par les éléments suivants : un choc anaphylactique, un angio-œdème laryngé et une crise d'asthme aigu grave. Le choc anaphylactique peut atteindre différents organes cibles :

- signes au niveau de la peau et des muqueuses (gonflements et rougeurs : érythème, urticaire, œdème...) dans plus de 80 % des cas ;
- signes cardiovasculaires (le cœur qui s'affole et la tension qui baisse...) ;
- signes respiratoires (obstruction nasale, toux, étouffement), présents dans 40 % des cas ;
- signes digestifs (vomissements, diarrhée...) ;
- signes neurologiques (angoisse, vertiges, pertes de connaissance, convulsions...).

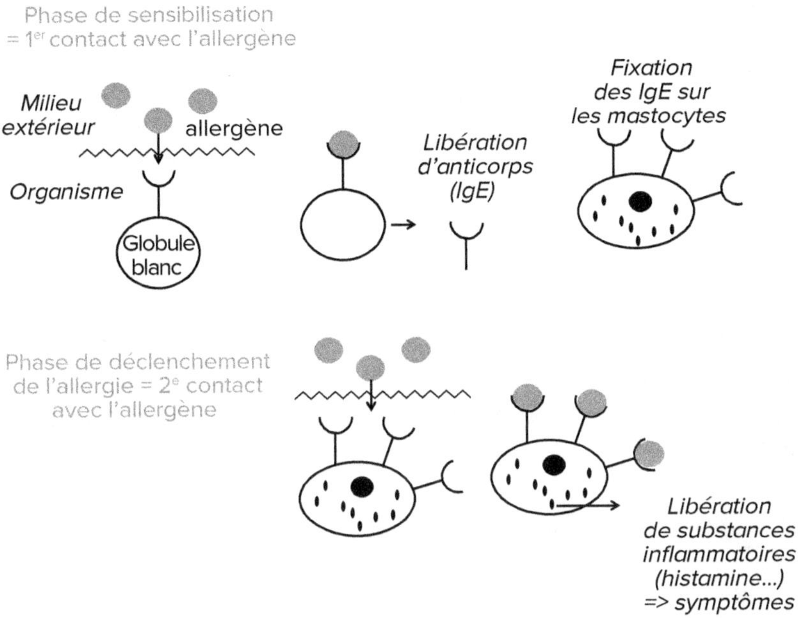

Réaction immunitaire et allergie

En 2013, le réseau d'allergo-vigilance français a déclaré 139 cas d'allergies alimentaires sévères. Ces cas se répartissaient en 60,9 % d'adultes et 39,1 % d'enfants (moins de 16 ans). **15 % des incidents se sont produits au restaurant** (www.allergyvigilance.org).

La mort est liée le plus souvent à l'absence de kit de secours (stylo auto-injecteur contenant de l'adrénaline pour soutenir le cœur – à utiliser sans attendre l'arrivée des secours) lors d'une ingestion accidentelle d'un allergène. Si ces kits étaient en vente libre, ce serait une bonne idée d'avoir un kit de secours à disposition dans son restaurant, mais ils ne sont en vente que sur prescription médicale.

La connaissance des allergènes alimentaires est en constante progression et constitue la base de la compréhension des phénomènes allergiques et de la gestion du risque allergique alimentaire.

On sait qu'un lien existe entre la fréquence et la quantité des consommations alimentaires d'une part, la fréquence des allergies correspondantes d'autre part. Ainsi, l'allergie alimentaire au riz est particulièrement fréquente au Japon et l'allergie alimentaire au poisson dans les pays nordiques. D'autres facteurs peuvent intervenir comme les modalités culinaires ainsi que certaines prédispositions génétiques.

Les différents types d'allergènes

Les allergènes sont des protéines antigènes particulières : en effet, on distingue dans les aliments des milliers de protéines dont seulement quelques-unes sont allergéniques. Une protéine est une « macromolécule » complexe constituée à la base d'un enchaînement de résidus d'acides aminés (structure primaire sur la figure suivante). En fonction de sa composition et des conditions du milieu (acidité, teneur en eau, température...), la protéine adopte une conformation spécifique (structures secondaires et tertiaires sur la figure suivante), c'est-à-dire une structure en trois dimensions. Une protéine peut également être constituée de plusieurs sous-unités ; l'ensemble forme la structure quaternaire de la protéine.

L'allergénicité concerne des portions limitées de la protéine, appelées déterminants antigéniques ou **épitopes**. Il existe des **épitopes « séquentiels »**, c'est-à-dire qui dépendent de la structure primaire, et des **épitopes « conformationnels »**, c'est-à-dire qui tiennent compte de la structure tridimensionnelle de la

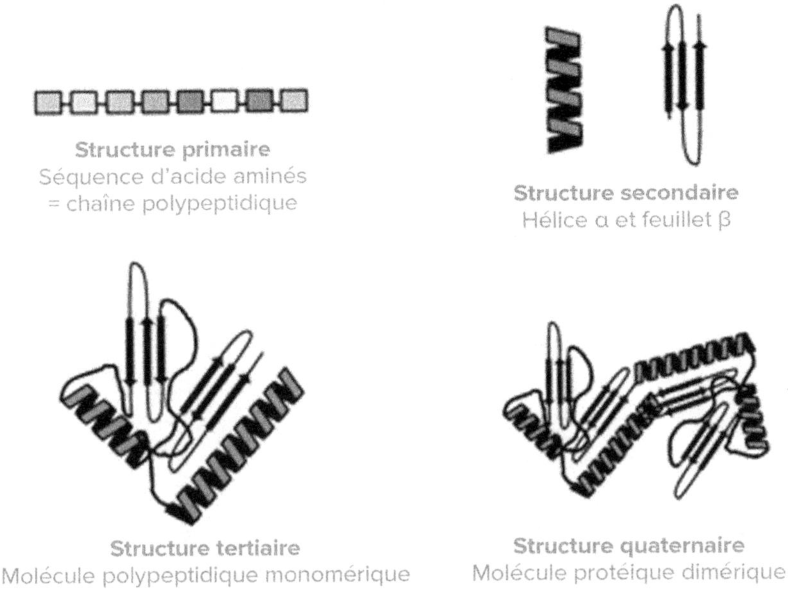

Structures des protéines

protéine (structures tertiaires et quaternaires). Cette différence explique que certains allergènes peuvent « disparaître à la cuisson » si, durant le chauffage, la **conformation de la protéine** change.

L'œuf est un des aliments dont l'allergénicité est la plus modifiée par la cuisson et les autres procédés de préparation. Un chauffage intense diminue l'allergénicité des protéines du blanc d'œuf et la majorité (50 à 85 %) des personnes allergiques aux œufs tolèrent les ovoproduits cuits [6]. D'autres allergènes en revanche sont résistants à la température et conservent leur allergénicité à la cuisson : par exemple, les protéines de lait de vache, les allergènes de poisson, de crevette, d'arachide. De façon générale, il vaut mieux retenir que **la cuisson et autres préparations des** aliments peuvent influencer l'allergénicité de ceux-ci mais pas la supprimer totalement. Seuls certains types de fermentation microbienne ou des hydrolyses enzymatiques ou acides ont le potentiel pour réduire efficacement l'allergénicité de certains produits.

Certains allergènes sont encore mal connus. Pour s'y repérer un peu mieux, il existe une nomenclature des allergènes. Elle est consultable de façon actualisée sur le site officiel www.allergen.org, qui est en anglais. Toutes allergies confondues, cette nomenclature répertorie actuellement 782 allergènes dont seulement certains sont des allergènes alimentaires. Le nom des allergènes est composé d'une abréviation du genre végétal ou animal dans lequel il est retrouvé (3-4 lettres), d'une abréviation de l'espèce (1-2 lettres) puis d'un numéro d'ordre : par exemple, Ara h 1 pour le premier allergène à avoir été décrit pour les cacahuètes dont le nom scientifique est *Arachis* (genre) *hypogaea* (espèce)[7].

LES ALLERGIES CROISÉES

Les allergies croisées correspondent à des allergies dues à des allergènes différents sans qu'il y ait eu, au préalable, un premier contact sensibilisant avec chacun de ces allergènes. Cette sensibilité croisée est due à l'existence d'une homologie immunochimique entre les allergènes : c'est-à-dire que l'anticorps spécifique de l'allergène A va pouvoir interagir avec l'allergène B dont l'épitope est très ressemblant à celui de l'allergène A.

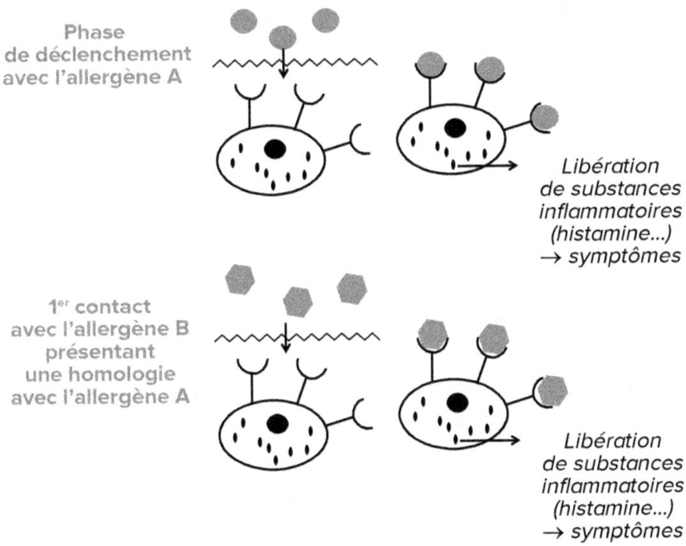

Allergie croisée

Un exemple classique d'allergie croisée porte sur l'interaction aliments-latex : la prévalence de l'allergie au latex dans la population générale est estimée entre 1 et 6,4 %. Cette proportion est plus forte chez le personnel de santé, utilisateur fréquent de gants en latex (10,7 %) et chez les patients opérés à plusieurs reprises dont l'organisme a été exposé à du matériel en latex (18 %). En règle générale, la sensibilisation au latex précède le déclenchement d'une allergie alimentaire. La liste des réactions croisées entre le latex et les aliments s'allonge régulièrement mais les plus fréquents sont l'avocat, la banane, le kiwi et la châtaigne. Il est donc préférable que les professionnels de la restauration et des métiers de bouche, qui souhaitent porter des gants, utilisent des gants d'un autre matériau comme les gants vinyle.

Qu'est-ce qu'un allergène majeur ?

On appelle allergène majeur un antigène purifié contre lequel au moins 50 % des patients testés présentent des immunoglobulines E spécifiques et qui donne des tests cutanés immédiatement positifs, à une concentration très faible, chez au moins 90 % des sujets ayant la maladie allergique en relation avec cet allergène[8]. La liste des allergènes majeurs est périodiquement révisée en fonction des évaluations scientifiques.

La liste des allergènes majeurs et des produits responsables d'intolérance est fixée par décret (décret n° 2008-1153 du 7 novembre 2008 modifiant l'annexe IV mentionnée à l'article R. 112-16-1 du code de la consommation, concernant la liste des ingrédients allergènes majeurs devant figurer sur l'étiquetage des denrées alimentaires) (tableau suivant).

Ces informations sont disponibles sur le site de la DGCCRF (www.economie.gouv.fr/dgccrf).

Liste des ingrédients allergènes majeurs devant figurer sur l'étiquetage des denrées alimentaires

Substances ou produits provoquant des allergies ou intolérances, devant obligatoirement être mentionnés	Exceptions pour l'étiquetage
Céréales contenant du gluten (blé, seigle, orge, avoine, épeautre, kamut ou leurs souches hybridées) et produits à base de ces céréales	– Sirops de glucose à base de blé, y compris le dextrose – Maltodextrines à base de blé – Sirops de glucose à base d'orge – Céréales utilisées pour la fabrication de distillats ou d'alcool éthylique d'origine agricole pour les boissons spiritueuses et d'autres boissons alcooliques
Crustacés et produits à base de crustacés	
Œufs et produits à base d'œufs	
Poissons et produits à base de poissons	– Gélatine de poisson utilisée comme support pour les préparations de vitamines ou de caroténoïdes – Gélatine de poisson ou ichtyocolle utilisée comme agent de clarification dans la bière et le vin
Arachides et produits à base d'arachides	

Substances ou produits provoquant des allergies ou intolérances, devant obligatoirement être mentionnés	Exceptions pour l'étiquetage
Soja et produits à base de soja	– Huile et graisse de soja entièrement raffinées – Tocophérols mixtes naturels (E306), D-alpha-tocophérol naturel, acétate de D-alpha-tocophéryl naturel et succinate de D-alpha-tocophéryl naturel dérivés du soja – Phytostérols et esters de phytostérol dérivés d'huiles végétales de soja – Ester de stanol végétal produit à partir de stérols dérivés d'huiles végétales de soja
Lait et produits à base de lait (y compris de lactose)	– Lactosérum utilisé pour la fabrication de distillats ou alcool éthylique d'origine agricole pour les boissons spiritueuses et d'autres boissons alcooliques – Lactitol
Fruits à coques (amandes, noisettes, noix, noix de : cajou, pécan, macadamia, du Brésil, du Queensland, pistaches) et produits à base de ces fruits	Fruits à coque utilisés pour la fabrication de distillats ou d'alcool éthylique d'origine agricole pour les boissons spiritueuses et d'autres boissons alcooliques.
Céleri et produits à base de céleri	
Moutarde et produits à base de moutarde	
Graines de sésame et produits à base de graines de sésame	
Anhydride sulfureux et sulfites en concentration de plus de 10 mg/kg ou 10 mg/l (exprimés en SO_2)	
Lupin et produits à base de lupin	
Mollusques et produits à base de mollusques	

L'ingrédient allergène doit figurer sur l'étiquetage dans la liste des ingrédients de la denrée par une référence claire au nom de l'allergène. Les règles d'étiquetage ne concernent que les ingrédients introduits volontairement par le fabricant dans la recette du produit. La présence fortuite d'allergènes majeurs (contamination involontaire par contact avec d'autres produits sur la chaîne de fabrication, lors du stockage ou du transport) n'est pas impossible. En conséquence, les industriels de l'agroalimentaire doivent évaluer les risques de contamination et tout mettre en œuvre pour les réduire. Un étiquetage du type « peut contenir des traces de… » ou « susceptible de contenir des… » ne constitue qu'un dernier recours dans le cas où il n'est pas possible de maîtriser le risque de contamination fortuite. A fortiori, dans une cuisine, si l'on ne veut pas avoir à étiqueter tous les plats avec des mentions « peut contenir des traces de… », il faut veiller à avoir une organisation rigoureuse des stocks et des ustensiles.

INTOLÉRANCES CONNUES

Nous avons vu que l'intolérance n'était pas une réaction du système immunitaire d'un individu. L'intolérance alimentaire se produit lorsque l'organisme n'est pas capable de digérer correctement un aliment ou un composant de l'aliment. Alors que les personnes allergiques ne tolèrent généralement pas la moindre quantité d'allergène, les personnes intolérantes peuvent supporter des petites doses sans manifester de symptôme.

Les principales causes d'intolérance alimentaire sont l'intolérance au lactose, au gluten et aux sulfites [9].

Intolérance au lactose

Le lactose est le glucide (sucre) présent dans le lait. Normalement, la lactase, une enzyme de notre intestin grêle, est présente dans notre organisme en quantité suffisante pour dégrader le lactose en sucres simples (glucose et galactose), qui sont alors absorbés dans le système sanguin (figure suivante). Lorsque l'activité de la lactase est basse, le lactose s'accumule et passe dans le gros intestin où il est fermenté par la flore du côlon. Cela donne alors des symptômes de flatulence, des douleurs et de la diarrhée.

Ce déficit en lactase chez les adultes peut être associé à plusieurs pathologies. La plus fréquente est l'hypolactasie, c'est-à-dire un déficit partiel en lactase d'origine génétique, qui touche près de 75 % de la population mondiale. À l'âge adulte, l'hypolactasie doit être considérée comme un phénomène normal puisque c'est plutôt la persistance d'une forte activité lactasique qui est anormale. Chez certaines personnes, l'hypolactasie peut entraîner une intolérance au lactose tandis que chez d'autres, elle n'entraînera aucun effet indésirable. Une autre pathologie est l'alactasie congénitale, c'est-à-dire l'incapacité de l'organisme à synthétiser la lactase. Cette affection très rare entraîne forcément une intolérance au lactose chez les individus qui en sont atteints. D'autres affections peuvent entraîner un déficit temporaire en lactase qui causera également une intolérance au lactose. En effet, toutes pathologies causant des lésions de la muqueuse intestinale, qu'elles soient profondes ou superficielles, peuvent causer un arrêt de synthèse de lactase. Les maladies inflammatoires de l'intestin et les gastro-entérites graves (surtout celles causées par l'action d'un rotavirus qui s'attaque directement à la muqueuse) peuvent donc causer un déficit temporaire en lactase qui sera rétabli lorsque les lésions seront guéries.

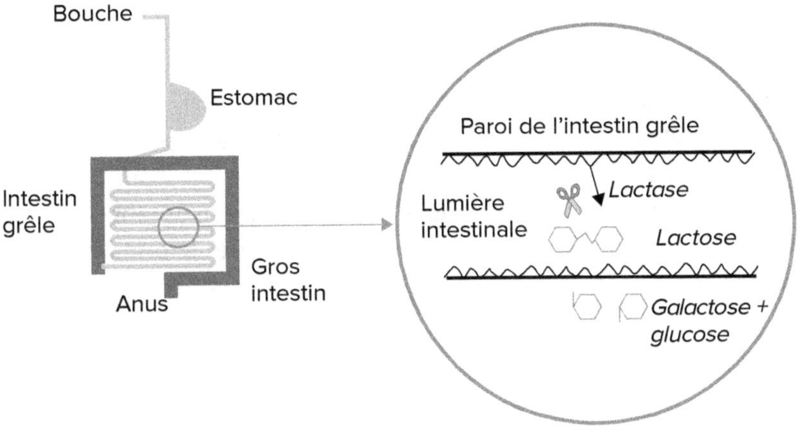

Absorption du lactose au niveau de l'intestin grêle

Alors que la plupart des Européens du Nord produisent assez de lactase durant toute leur vie, la déficience en lactase est un phénomène très fréquent parmi les populations du Moyen-Orient, de l'Inde et de l'Afrique. En réalité, 70 % de la population mondiale ne produit pas assez de lactase et a, par conséquent, des degrés divers d'intolérance au lactose. En Europe, la déficience en lactase est présente chez environ 5 % des individus et en plus large proportion (50 à 80 %) dans certains groupes ethniques. En France, 30 à 50 % des adultes ont une activité lactasique basse (les adultes ne consommant plus de lait verront la production de leur lactase diminuer, voire disparaître) et ont une digestion incomplète du lactose (malabsorbeurs). Environ 6 à 10 % des adultes, malabsorbeurs, peuvent présenter une intolérance à 12 g de lactose (l'équivalent de 250 ml de lait). Le maintien de produits laitiers dans l'alimentation est possible au prix de conseils diététiques simples chez la majorité des sujets intolérants. La déficience en lactase existe en plus large proportion chez certains groupes de population : de 3 % en Suède à 99 % en Chine ou de 6 % chez les individus d'origine caucasienne à 73 % chez les individus de race noire aux États-Unis [4].

La quantité de lait et de laitages qui occasionne des symptômes est très variable. La plupart des individus intolérants peuvent boire un verre de lait sans ressentir le moindre inconfort. Par ailleurs, les fromages à pâte dure, dépourvus ou pauvres en lactose, et les produits laitiers fermentés comme le yaourt (qui contient encore 30 % du lactose présent au départ dans le lait) sont généralement bien tolérés. Cela explique donc pourquoi les produits laitiers fermentés sont largement consommés par les populations déficientes en lactase.

Si le lactose se retrouve dans la liste des additifs à déclaration obligatoire c'est qu'il est rarement utilisé pur et que, le plus souvent, on le retrouve associé à des traces de protéines de lait, traces pouvant déclencher des manifestations allergiques chez des enfants hautement allergiques aux protéines du lait de vache. L'étiquetage obligatoire du lactose du lait et des produits dérivés permet donc de les identifier dans l'alimentation.

Intolérance au gluten

L'intolérance au gluten est une maladie de l'intestin qui se manifeste lorsque l'organisme ne tolère plus le gluten. Le gluten est la fraction insoluble des protéines de blé et d'autres céréales. Il est principalement constitué de deux protéines : la gliadine et la gluténine. Ce sont ces protéines qui donnent à la farine des propriétés viscoélastiques (élasticité de la pâte), exploitées en boulangerie lors du pétrissage de la farine avec de l'eau et qui permettront à la pâte de lever lors de la fermentation.

L'intolérance est liée principalement aux gliadines présentes dans le gluten du blé et à ses homologues, la sécaline du seigle et l'hordéine de l'orge. Après des années de controverse, les études les plus récentes concernant les gluténines montrent que celles-ci sont également toxiques pour les intolérants au gluten. Le maïs et le riz sont également des céréales mais sont sans danger pour les intolérants au gluten.

La prévalence de cette affection, aussi appelée maladie cœliaque ou entéropathie par intolérance au gluten, est sous-estimée. Les examens sérologiques modernes révèlent que la maladie cœliaque concernerait entre 1 personne sur 300 et 1 personne sur 100 parmi la population européenne [10]. Cette maladie est deux fois plus fréquente chez les femmes que chez les hommes. La maladie cœliaque est une affection particulière, différente de l'allergie proprement dite aux protéines de blé (impliquant les IgE), allergie qui existe cependant également.

La maladie cœliaque peut être diagnostiquée à tous les âges et est une maladie de toute la vie ; le régime sans gluten ne doit jamais être arrêté car il protège des complications même tardives (cancer, ostéoporose, autres maladies auto-immunes). Si un malade consomme régulièrement un aliment contenant du gluten, la paroi de l'intestin grêle est endommagée et perd sa capacité d'absorber les nutriments essentiels que sont les graisses, les protéines, les glucides, les minéraux et les vitamines.

Les symptômes comprennent la diarrhée, la perte de poids, la faiblesse, l'irritabilité et les crampes abdominales. Chez les enfants, la malnutrition peut parfois ralentir la croissance. Couramment, la seule solution pour le patient cœliaque est le régime d'exclusion du gluten. Des listes d'aliments sans gluten sont habituellement disponibles auprès des diététiciens et des associations de patients (Association française des intolérants au gluten : www.afdiag.fr). Une fois que le gluten est exclu de l'alimentation, l'intestin se répare progressivement et les symptômes disparaissent [8].

Intolérance aux sulfites

Des réactions d'intolérance peuvent également se manifester après ingestion de produits renfermant des concentrations importantes de sulfites, employés comme additifs alimentaires ou utilisés en œnologie. Elles sont davantage liées à la concentration de l'additif qu'à la quantité ingérée. Les symptômes enregistrés concernent des éternuements, des écoulements nasaux, des démangeaisons, de l'urticaire, des douleurs abdominales, des crises d'asthme.

Même si les sulfites ne provoquent pas de réactions allergiques, la réglementation impose l'étiquetage de leur présence sur les produits alimentaires ainsi que les boissons si leur concentration est supérieure à 10 mg/kg ou 10 mg/l, ce qui est le cas de pratiquement tous les vins vendus en France [4].

3

FICHES DES ALLERGÈNES MAJEURS ET DES FACTEURS D'INTOLÉRANCE

Pour chacun des allergènes majeurs et des facteurs d'intolérance, la fiche explicative contient les éléments suivants :

- Dans quels aliments l'allergène ou le facteur d'intolérance est-il retrouvé, dans quoi peut-il être caché ?
- Que sait-on sur cet allergène ou ce facteur d'intolérance ?
- Quel est le rôle technologique de l'ingrédient dans lequel il est contenu ?
- Par quoi peut-il être remplacé ?

CÉRÉALES CONTENANT DU GLUTEN

et produits à base de ces céréales

QU'EST-CE QUE LE GLUTEN ?

Les protéines de la farine de blé sont caractérisées par leur solubilité :

- les albumines sont solubles dans l'eau ;
- les globulines sont solubles dans des solutions salines ;
- les gliadines (prolamines) sont solubles dans une solution d'alcool (éthanol à 70 %) mais insolubles dans l'eau ;
- les gluténines, insolubles dans les solvants précédents, sont partiellement solubles dans les solutions acides diluées et dans des solutions d'urée.

Les protéines insolubles (gliadines, gluténines) représentent de 80 à 85 % de toutes les protéines de blé et constituent ce que l'on appelle communément le **gluten**.

Le gluten se caractérise par son mode d'extraction : après avoir pétri de la farine de blé (= froment) avec 50 % de son poids d'eau, on obtient une pâte élastique. Si, ensuite, on lave celle-ci sous un mince filet d'eau, peu à peu l'amidon et les protéines solubles sont entraînés par l'eau et on obtient une substance gris verdâtre gélatineuse, nommée « gluten ». Outre les protéines insolubles, le gluten contient de l'amidon (8 à 10 % de la masse sèche), des sucres réducteurs (1 à 2 %, notamment du glucose), des lipides (5 à 10 %), des pentosanes (2 %) et des matières minérales[11].

Le gluten est responsable de l'élasticité de la pâte malaxée ainsi que de la masticabilité des produits à base de céréales cuits au four. En effet, quand elles sont hydratées, les gliadines sont très extensibles et confèrent à la pâte son extensibilité, sa viscosité et sa plasticité. Les gluténines sont, quant à elles, responsables de la ténacité et de l'élasticité de la pâte. Cette visco-élasticité est utile à la fabrication du pain : les bulles de CO_2 dégagées lors de la dégradation anaérobie des sucres fermentescibles par les levures sont figées dans le réseau de gluten à la fois tenace et élastique (la pâte « lève »).

On retrouve du gluten dans les farines de céréales panifiables comme le blé, l'épeautre, le seigle, mais également dans des céréales difficilement panifiables, comme l'orge.

En France, sont officiellement reconnus comme contenant du gluten : le blé, ainsi que l'épeautre et le kamut, qui sont des variétés de blé, le seigle, l'orge, l'avoine, ou leurs souches hybridées comme le triticale, qui est un hybride du seigle et du blé.

CONTROVERSE CONCERNANT L'AVOINE

L'avoine n'a pas toutes les prolamines trouvées dans le blé, en revanche l'avoine contient de l'avénine. Cette protéine est toxique pour la muqueuse intestinale des personnes qui y sont sensibles et peut entraîner une réaction cœliaque. Toutefois, il est à noter que différentes variétés d'avoine correspondent à différents niveaux de toxicité. Bien que l'avoine contienne de l'avénine, plusieurs études suggèrent que ce n'est pas forcément un problème pour les cœliaques. En fait, l'avoine est souvent sous-traitée avec le blé, l'orge et d'autres grains, et se retrouve donc contaminée par d'autres glutens. À cause de ce problème, la FAO, responsable du Codex Alimentarius, liste officiellement l'avoine comme contenant du gluten. L'avoine fait partie de l'alimentation sans gluten en Suède et en Finlande car les fournisseurs de ces pays offrent des produits « pure avoine », non contaminés par les blés.

PRÉVALENCE ET CAUSE DE L'ALLERGIE AUX PROTÉINES DE BLÉ OU DE L'INTOLÉRANCE AU GLUTEN

Les principales céréales en cause dans des réactions allergiques sont le blé et le seigle. Toutefois, l'allergie au riz est particulièrement fréquente au Japon. Les protéines allergéniques identifiées sont les inhibiteurs de l'alpha-amylase ou de la trypsine (blé, orge, riz, avoine), les gliadines et les protéines de transfert de lipides (maïs). Bien que les protéines de transfert de lipides soient représentées dans une multitude de végétaux (famille des pommes, des prunes, arachide, Ombellifères, tomate, melon, kiwi...), les allergies croisées sont exceptionnelles. Par ailleurs, les protéines hydrosolubles sont responsables de l'allergie à la farine chez les boulangers, allergie due à une longue exposition aérienne aux protéines allergéniques[12].

ALLERGIE AUX CÉRÉALES ET INTOLÉRANCE AU GLUTEN

Ces allergies aux céréales sont différentes de l'intolérance au gluten ou maladie cœliaque.

En Europe, cette pathologie est symptomatique, selon les estimations, chez un individu sur 1 000 ou 2 000 ; cependant, l'existence de formes latentes conduit actuellement à estimer la prévalence des intolérances au gluten dans la population générale à 1/300. Elle est supérieure dans les pays nordiques (1/100). La maladie cœliaque est causée par des protéines de réserve, les prolamines (gliadine, sous-unité du gluten de blé), contenues dans les céréales et leurs hybrides (blé, orge, seigle...). Seuls le maïs et le riz en sont dépourvus. Les manifestations se produisent quelle que soit la forme d'utilisation des céréales : farine ou amidon contenant un taux résiduel de prolamine[13].

DANS QUELLES PRÉPARATIONS TROUVE-T-ON DU GLUTEN ? QUEL EST LE RÔLE TECHNOLOGIQUE DU GLUTEN EN CUISINE ?

Le régime strict obligatoire d'éviction pour les intolérants au gluten (1/300) et pour les allergiques (1/1 000) pose évidemment d'importants problèmes quotidiens aux malades puisque la farine de blé et le gluten sont présents dans la plupart des produits alimentaires comme agents texturants, rétenteurs d'eau ou substituts aux protéines animales.

Il faut exclure tous les aliments et toutes les boissons qui contiennent du blé (l'épeautre et le kamut inclus), du seigle, de l'orge (du malt) et de l'avoine, comme les produits de boulangerie et de pâtisserie, le couscous, les croûtons, les pâtes alimentaires (nouilles, spaghetti, etc.), le seitan (gluten utilisé comme substitut de viande), la chapelure, la bière, les soupes et les sauces, les béchamels, les roux, les pâtes à frire… ainsi que les sources cachées de gluten.

Le gluten peut facilement passer inaperçu quand il se dissimule sous différentes appellations comme :

- protéines végétales hydrolysées ;
- amidons et amidons modifiés ;
- extraits, arôme ou saveur de malt.

On peut retrouver certains de ces ingrédients dans les bases de concentrés en cubes ou en poudre pour soupes et sauces, les charcuteries, les sauces Worcestershire, sauce soja, shoyu, etc., les sucres à glacer, la poudre à lever, les vinaigrettes et les sauces à salade… [14]

À noter que le tamari traditionnel japonais est un hydrolysat de soja et cette sauce ne contient pas de céréales contrairement au shoyu japonais. Il semble que le shoyu chinois ou coréen ne contiendrait que du soja.

CAS DU PAIN

Ces soixante dernières années ont vu le remplacement des moutures à la meule de pierre par celles au cylindre beaucoup plus productives. Or, le cylindre élimine le germe de blé et l'assise protéique, enveloppe interne qui permet une meilleure assimilation de l'ensemble des constituants de la céréale. Pour compenser l'inertie de ces farines blanches démunies de certains éléments nutritifs, l'industrie agro-alimentaire a dû développer des farines de plus en plus riches en gluten pour créer des pâtes aptes à lever plus facilement. Le développement de la baguette blanche a également contribué à remplacer l'usage du levain (mélange de bactéries lactiques et de levure) par celui de la levure, qui ne permet pas de « prédigérer » le gluten [15]. Le gluten est aussi modifié par hydrolyse (enzymatique, acide ou basique). Le gluten ainsi hydrolysé est souvent soluble dans l'eau et pourrait influencer l'apparition de pathologies liées au gluten. Ce point fait débat dans la communauté scientifique.

PAR QUOI PEUT-ON REMPLACER LE GLUTEN ?

On peut remplacer l'orge, le blé, le seigle et les autres céréales contenant du gluten, par du riz, du soja, du millet, du quinoa, du maïs, des pommes de terre, du manioc (tapioca), des pois chiches, des châtaignes ou des lentilles, du sarrasin, de l'amarante, qui ne contiennent pas de gluten.

Ces produits sont disponibles sous forme de farines que l'on peut utiliser pour la préparation des gâteaux et autres plats. Ces produits apportent la partie « amidon » présente dans la farine de blé mais n'apportent pas la fraction « gluten » qui permet l'absorption d'eau. Si nécessaire, il faut donc compenser ce manque en ajoutant par exemple de la gomme guar ou de la gomme xanthane qui va permettre d'épaissir le mélange et de gélifier. L'ajout d'œuf à ces farines permet l'obtention d'une pâte continue après cuisson (1 œuf pour 250 ml de farine de maïs). Sans œuf, le produit est plus friable.

PRÉCISIONS SUR LES MALADIES EN LIEN AVEC LE GLUTEN

Le gluten peut donner divers symptômes. Un consensus et une classification des maladies liées au gluten ont été établis par la communauté médicale en 2011 à Oslo, récapitulés par le schéma ci-après.

Nomenclature et classification des maladies en lien avec le gluten (d'après [106] et [107])

CRUSTACÉS

et produits à base de crustacés

QU'APPELLE-T-ON « CRUSTACÉS » ?

Les crustacés sont des animaux dont le corps est revêtu d'un exosquelette, rigide ou non. Ils forment un vaste ensemble de plus de 50 000 espèces dont la plupart sont aquatiques (eau de mer ou eau douce).

Les crustacés que l'on utilise en cuisine sont par exemple : l'araignée de mer, la cigale de mer, le crabe, le crabe royal du Kamtchatka, la crevette géante d'eau douce, la crevette grise, la crevette rose, l'écrevisse d'eau douce, les gambas, le homard, la langouste, la langoustine, la limule, la squille ou crevette-mante, le tourteau.

PRÉVALENCE

L'allergie aux produits de la mer représente jusqu'à 10 % des allergies en Europe [16]. L'allergie aux crustacées est l'une des plus fréquentes chez l'adulte alors qu'elle est plus rare chez l'enfant en

Europe [17] ; la prévalence de ces allergies est plus forte dans les pays où la consommation de produits de la mer est plus élevée comme l'Asie [18] ou l'Espagne [19]. Ainsi, les fruits de mer représentent la cause la plus fréquente d'anaphylaxie alimentaire dans la région Asie et Pacifique [20]. Par exemple, en Corée, 5 enfants pour 1 000 de moins de 6 ans présentent une allergie aux crustacés [21]. Une augmentation des allergies relative à l'augmentation de la consommation de produits de la mer a été observée aux États-Unis [22].

QUELLE EST LA CAUSE DE L'ALLERGIE ?

L'allergène majeur des crustacés est la tropomyosine, une protéine myofibrillaire [23], c'est-à-dire une protéine constitutive des muscles de l'animal, qui est la chair que l'on consomme. D'autres protéines allergènes ont également été trouvées : l'arginine kinase qui est une enzyme, une sous-unité de la myosine (chaîne légère) qui est une protéine permettant la contraction musculaire, et une protéine sarcoplasmique liant le calcium. Toutes sont des protéines musculaires [24]. Le tableau suivant regroupe les allergènes connus pour tous les crustacés fréquemment consommés.

Liste des allergènes connus pour les crustacés fréquemment consommés

Nom d'espèce	Nom commun	Allergène	Nom biochimique de l'allergène
Charybdis feriatus	Crabe	Cha f 1	Tropomyosin
Crangon crangon	Crevette grise	Cra c 1	Tropomyosin
		Cra c 2	Arginine kinase
		Cra c 4	Sarcoplasmic calcium-binding protein
		Cra c 5	Myosin, light chain 1

Nom d'espèce	Nom commun	Allergène	Nom biochimique de l'allergène
Crangon crangon	Crevette grise	Cra c 6	Troponin C
		Cra c 8	Triosephosphate isomerase
Homarus americanus	Homard américain	Hom a 1	Tropomyosin
		Hom a 3	Myosin light chain 2
		Hom a 6	Troponin C
Litopenaeus vannamei	Crevette à pattes blanches	Lit v 1	Tropomyosin
		Lit v 2	Arginine kinase
		Lit v 3	Myosin, light chain 2
		Lit v 4	Sarcoplasmic calcium-binding protein
Macrobrachium rosenbergii	Crevette géante d'eau douce	Mac r 1	Tropomyosin
Melicertus latisulcatus	Crevette royale	Mel l 1	Tropomyosin
Metapenaeus ensis	Crevette de sable	Met e 1	Tropomyosin
Pandalus borealis	Crevette nordique	Pan b 1	Tropomyosin
Panulirus stimpsoni	Langouste	Pan s 1	Tropomyosin
Penaeus aztecus	Crevette royale grise	Pen a 1	Tropomyosin
Penaeus indicus	Crevette blanche des Indes	Pen i 1	Tropomyosin
Penaeus monodon	Crevette géante tigrée	Pen m 1	Tropomyosin
		Pen m 2	Arginine kinase
		Pen m 3	Myosin light chain 2
		Pen m 4	Sarcoplasmic calcium binding protein
		Pen m 6	Troponin C

Nom d'espèce	Nom commun	Allergène	Nom biochimique de l'allergène
Pontastacus leptodactylus	Écrevisse à pattes grêles	Pon l 4	Sarcoplasmic calcium-binding protein
		Pon l 7	Troponin I
Portunus pelagicus	Crabe bleu nageur	Por p 1	Tropomyosin

(source : www.allergen.org)

Il faut retenir que les allergènes sont inclus dans la chair des crustacés. Lorsque les carapaces des crustacés sont utilisées en cuisine, elles peuvent donc également contenir des allergènes.

ALLERGIES CROISÉES

Les crustacés appartiennent à un même grand ensemble animal (embranchement des **arthropodes**) que les insectes, les araignées et les acariens [25]. En raison de cette appartenance à un même embranchement, il n'est pas rare que les personnes présentant des allergies alimentaires aux crustacés soient aussi allergiques par voie aérienne aux acariens [26]. Cette allergie croisée crustacés-acariens-blatte trouve son origine dans une séquence primaire protéique commune à cette famille [27]. Toute personne allergique aux crustacés devra donc aussi se méfier de la consommation d'insectes lors de voyages en Afrique ou en Asie ou lors de découverte alimentaire dans des restaurants avant-gardistes d'Europe [28].

Dans certains cas, l'allergie aux crustacés s'étend à une autre allergie : l'allergie à certains **mollusques** [26]. Dans l'embranchement (famille) des mollusques, on trouvera les moules, les Saint-Jacques, les coques, les sèches, les calamars… et des escargots terrestres.

L'embranchement des arthropodes et celui des mollusques sont liés, ce qui rend possible **l'allergie croisée due à la tropomyosine** (protéine musculaire avec des séquences primaires communes). On parle d'ailleurs plus volontiers d'**allergie aux fruits de mer** que d'allergie aux crustacés, le poisson étant exclu de ce regroupement. On a démontré la potentialité réelle d'allergie croisée entre 11 crustacés (5 espèces différentes de crevette, 3 de crabe, 3 de homard) et certains mollusques comme les moules, les coquilles Saint-Jacques et les escargots marins [29]. En revanche, aucune allergie croisée entre crustacés et huîtres, poulpes et/ou calamars (encornets) n'a été démontrée [29], ce qui explique que certaines personnes allergiques aux fruits de mer peuvent consommer sans risques des huîtres. L'allergie aux fruits de mer au sens large appelle à la prudence quant à la consommation d'escargots terrestres – le Petit-Gris (*Helix aspersa*) et l'escargot de Bourgogne (*Helix pomatia*) – car des allergies croisées entre l'escargot et l'acarien de maison ont été identifiées [30,31].

Ne pas confondre crustacés, mollusques et poissons même si les allergies croisées sont fréquentes du fait de la présence d'allergènes majeurs communs comme la tropomyosine [32,33].

DANS QUELLES PRÉPARATIONS COURANTES TROUVE-T-ON DES CRUSTACÉS ?

De façon évidente, beaucoup de plats régionaux ou festifs sont à base de crustacés. On peut citer par exemple la bisque de homard, la paella. Les crustacés sont utilisés pour farcir des hors-d'œuvre froids comme les avocats, les tomates, les courgettes, les macédoines de légumes ; ils peuvent également servir à farcir des rouleaux asiatiques et des omelettes. Ils sont souvent associés à des poissons dans des sauces de nappage. Les crustacés sont consommés sur tous les continents du monde.

De façon moins évidente, les crustacés séchés en poudre, pâte et sauce sont traditionnellement utilisés pour rehausser la saveur des plats.

QUEL EST LE RÔLE TECHNOLOGIQUE DES CRUSTACÉS EN CUISINE ?

Outre l'apport en protéines et en iode, de manière importante comparativement à d'autres produits animaux, les crustacés sont employés pour leur rôle décoratif, leur couleur, leur flaveur.

Les extraits de crustacés sont ajoutés dans l'assaisonnement d'une grande variété de produits alimentaires manufacturés tels que la soupe, le surimi, les produits apéritifs, les tourtes… Ces extraits sont généralement obtenus par ébullition des crustacés et concentration du jus de cuisson. Les jus de cuisson des crustacés contiennent des arômes et des protéines, et peuvent être concentrés par des techniques membranaires [4]. La tropomyosine peut être extraite par ce procédé de cuisson-ébullition. Dans le cas des allergies aux crustacés, même dénaturée par la chaleur, la tropomyosine de crustacé maintient son pouvoir allergène. Même si la protéine est réduite en petits fragments (hydrolyses enzymatiques donnant des peptides), certains de ces fragments peptidiques peuvent présenter des épitopes susceptibles de réagir avec les immunoglobulines E [23]. C'est le cas de certains arômes de crustacés obtenus à partir des carapaces et ajoutés aux aliments sous forme de poudre [34], d'hydrolysat de produits de la mer (sauce fermentée de restes d'animaux marins) comme le nuocmâm. Les caroténoïdes contribuent aux couleurs jaune, orange et rouge des crustacés. Ces pigments sont les pigments les plus répandus dans la nature. On les retrouve dans les bactéries, les levures, toutes les plantes chlorophylliennes et chez beaucoup d'animaux [35].

PAR QUOI PEUT-ON REMPLACER LES CRUSTACÉS ?

Pour la **couleur** : on peut utiliser des extraits de tomate, carotte, betterave rouge, ou encore du paprika ou un extrait de paprika (E160c). Une couleur orange s'obtient par mélange de jaune et de rouge : du curcuma et un peu de concentré de tomate exemple.

Pour **l'arôme** : parmi les composés odorants majeurs des crustacés, on retrouve la 2,3-butanedione, 2-methyl-3-furanthiol, 2-acetyl-1-pyrroline, 3-(methylthio)propanal, et 2-acetyl-2-thiazoline. Ces composés sont responsables des notes « viande », « noisette/pop-corn » et « salé » qui sont recherchées. D'autres composés contribuent également à l'arôme global : 1-Octen-3-one, (Z)-4-heptenal, and 2-acetylthiazole [36]. Des préparations aromatisantes sans crustacé existent : par exemple, le site « culinaide.com » propose des arômes de crevettes, d'écrevisse, de homard, sans dérivé de crustacés ou de poisson. D'autres aides culinaires contiennent des crustacés : par exemple, le fumet de crustacés « Chef » de Nestlé contient 10 % de crustacés. Il convient donc de lire intégralement la fiche technique des aides culinaires utilisées afin de pouvoir renseigner le consommateur de façon sûre. Conformément à la directive 1169/2011/CE, ces fiches techniques doivent faire mention des indications réglementaires concernant notamment les allergènes.

EXEMPLES DE PRODUITS ANALOGUES

Divers exemples de produits analogues existent à base de surimi – kamaboko (ingrédient de la cuisine japonaise à base de poisson blanc). Il s'agit de chair de poisson texturée en présence d'amidon et de blanc d'œufs. Le surimi peut être coloré en orange à l'aide de caroténoïdes, et sans la moindre présence de crustacés.

ŒUFS

et produits à base d'œufs

QU'APPELLE-T-ON ŒUF ?

L'œuf de volaille est utilisé dans de très nombreuses cultures gastronomiques du monde. Le plus utilisé est l'œuf de poule, mais les œufs d'autres oiseaux sont aussi consommés : caille, cane, oie, autruche, etc. À l'âge adulte, la poule possède quelques milliers d'ovules appelés ovocytes. Chaque jour, l'un d'eux se développe jusqu'à devenir, en une dizaine de jours, le jaune dit vitellus. Le vitellus mûr est libéré dans l'oviducte, sorte de tuyau de 65 cm dans lequel l'œuf se forme. En quelques heures, le blanc d'œuf se forme autour du vitellus qui tourne sur lui-même pour maintenir le jaune au centre. Puis, les deux membranes coquillières sont élaborées à partir de carbonate de calcium que la poule stocke dans ses os et ses intestins. Les muscles internes de l'oviducte continuent d'agir pour faire tourner l'œuf sur lui-même et uniformiser la coquille. Il ne reste plus qu'à colorer l'œuf par des pigments contenus dans les sécrétions biliaires et à l'évacuer par le cloaque[37]. L'œuf de poule est constitué d'une coquille non allergisante, du blanc d'œuf représentant 56 à 61 % du total (35 g pour un œuf de 50 g) et du jaune d'œuf pour 27 à 32 %.

PRÉVALENCE

L'allergie alimentaire IgE-dépendante à l'œuf est l'une des trois allergies les plus fréquentes de l'enfant âgé de moins de 3 ans, avec le lait de vache et l'arachide. Sa prévalence dans la population générale est estimée entre 1,3 et 1,7 %. L'allergie à l'œuf de poule correspond à 9,4 % des allergies alimentaires de l'enfant[38].

L'allergie alimentaire à l'œuf a toutefois un bon pronostic : 50 % des allergiques sont guéris à un âge moyen de 3 ans et 66 % le sont à l'âge de 5 ans. Sa persistance (ou sa découverte) à un âge tardif est un moins bon pronostic pour sa disparition.

QUELLE EST LA CAUSE DE L'ALLERGIE ?

Le blanc d'œuf constitue la source majeure des allergènes de l'œuf. Les allergènes se dénomment Gal d pour *Gallus domesticus*.

Le blanc d'œuf comporte 23 protéines dont les allergènes majeurs sont Gal d 1 (ovomucoïde), Gal d 2 (ovalbumine) représentant 54 % du total des protéines, Gal d 3 (ovotransferrine) et Gal d 4 (lysozyme). Les allergènes du blanc d'œuf sont thermosensibles (excepté l'ovomucoïde), ce qui explique que l'œuf cuit peut être toléré chez certains allergiques. L'ovomucoïde est aussi résistant à la digestion par des protéinases et possède la plus forte activité allergénique.

LES PROTÉINES, GALD D, ALLERGÈNES MAJEURS

Gal d 1 (= ovomucoïde). Elle est très thermostable et résistante aux autres formes de dénaturation (par exemple, l'urée).

Gal d 2 (= ovalbumine). Elle est aussi thermostable (mais bien moins que l'ovomucoïde), elle est résistante à la trypsine mais pas à la pepsine (toutes deux sont des enzymes de notre système digestif), et elle est très histaminolibératrice. Il peut donc exister des fausses allergies alimentaires lors de la consommation d'œuf : le système immunitaire n'a pas été activé mais la libération d'histamine provoque les symptômes d'une allergie !

Gal d 3 (= conalbumine ou ovotransferrine). Elle est thermosensible (la protéine perd rapidement sa structure tridimensionnelle lors du chauffage) et est beaucoup moins allergisante que Gal d 1 et Gal d 2.

Gal d 4 (= lysozyme). Sa cuisson réduit l'allergénicité. L'allergie au lysozyme est beaucoup plus rare que l'allergie aux Gal d 1, Gal d 2 et Gal d 3. Le lysozyme peut se retrouver dans le vin lors d'une opération que l'on appelle le collage du vin et qui permet d'éviter l'opacification (trouble) des vins blancs due aux protéines du vin. Il peut alors induire des réactions chez les patients allergiques à l'œuf. Cependant, certains vins blancs clarifiés au moyen de bentonite (= argile) contiennent nettement moins de lysozyme (entre 0,01 et 0,06 ppm alors que les doses initiales peuvent aller de 25 à 50 g/hL). En effet, l'ajout de bentonite au vin blanc lors de son collage à l'œuf formerait des précipités d'argiles et de protéines de blanc d'œuf, éliminés par filtration. Le collage du vin peut également se faire en utilisant d'autres protéines telles que les protéines de lait ou la gélatine.

Le jaune d'œuf comporte **Gal d 5** (alpha-livétine) qui est impliqué dans les réactions croisées œuf-oiseau (des individus possédant des oiseaux peuvent développer plusieurs années plus tard une authentique allergie alimentaire à l'ingestion d'œuf de poule). Les autres allergènes du jaune d'œuf semblent peu allergisants comme les Apovitellenines, ou encore plus récemment identifié YGP42 **(Gal d 6)**[39].

QUEL EST LE RÔLE TECHNOLOGIQUE DES ŒUFS EN CUISINE ?

L'œuf est la meilleure source de protéines qui existe du point de vue de l'équilibre en acides aminés essentiels. C'est de plus un aliment bon marché. En outre, les œufs et les ovoproduits sont largement utilisés en industries alimentaires et en cuisine pour leurs propriétés fonctionnelles très performantes. On peut mettre en évidence :

- le pouvoir coagulant, gélifiant ;
- le pouvoir moussant ;
- le pouvoir émulsifiant ;
- le pouvoir anticristallisant ;
- le pouvoir colorant ;
- le pouvoir collant, clarifiant.

DANS QUELLES PRÉPARATIONS TROUVE-T-ON DES ŒUFS ?

Plus que n'importe quel autre allergène, l'œuf est très représenté dans les produits alimentaires industriels en tant qu'ingrédient ou additif (conservateur, liant, émulsifiant, coagulant). Or de nombreuses protéines de l'œuf sont utilisées et étiquetées sous une dénomination scientifique (ovomucoïde, lysozyme...), ce qui ne facilite pas la tâche dans l'éviction de ces aliments[1].

INGRÉDIENTS DÉRIVÉS DE L'ŒUF OU CONTENANT DE L'ŒUF

- Albumen/Albumine
- Meringue
- Conalbumine
- Œufs de canard, d'oie et de caille
- Œuf (blanc, jaune, déshydraté, en poudre, solide, congelé et pasteurisé)
- Lait de poule
- Succédanés d'œuf (Egg Beaters®)
- Globuline
- Lécithine
- Livétine
- Lysozyme
- Ovalbumine
- Ovoglobuline
- Protéines de l'ovolactohydrolyze
- Ovomacroglobuline
- Ovomucoïde
- Ovomucine
- Ovotransferrine
- Ovovitelline
- Silico-albuminate
- Vitelline

La fonction que l'œuf exerce dans une denrée alimentaire peut être nommée dans la liste des ingrédients (par exemple liant, émulsifiant ou coagulant), mais doit être accompagnée d'une référence claire signalant la présence d'œuf. Dans la plupart des produits, la lécithine (code additif : E 322) est souvent dérivée du soja mais parfois elle peut être un dérivé de l'œuf (par exemple, Ovothin™ de la société Cargill).

PAR QUOI PEUT-ON REMPLACER LES ŒUFS ? PEUT-ON UTILISER DES ŒUFS D'AUTRES VOLAILLES QUE LA POULE ?

Une allergie aux œufs d'autres oiseaux que la poule n'est pas fréquente et a toujours été décrite chez des patients allergiques aux œufs de poule. Les blancs d'œufs de dinde, de cane, d'oie, de mouette et de poule contiennent des protéines réagissant de façon croisée avec la plupart des allergènes du blanc d'œuf de poule, mais le degré de réactivité croisée varie considérablement parmi les divers blancs d'œufs. La similarité entre les diverses ovalbumines et conalbumines et les protéines respectives de l'œuf de poule décroît dans l'ordre suivant : dinde, cane, oie et mouette. Il y a cependant des différences considérables entre le blanc d'œuf de dinde et le blanc d'œuf de mouette, en ce qui concerne le degré d'identité immunochimique, et les allergènes du blanc d'œuf de poule. La poule et la dinde appartiennent toutes les deux à l'ordre des Galliformes ; ces oiseaux sont étroitement liés. Le canard et l'oie sont classés dans le même ordre (Ansériformes) et les blancs d'œufs de ces deux oiseaux sont très similaires dans leurs réactions immunochimiques. La mouette, appartenant à l'ordre des Charandriformes, est la plus éloignée en comparaison avec la poule.

Par mesure de précaution, il semble donc raisonnable de signaler que tous les blancs d'œufs peuvent provoquer des réactions allergiques quand ils sont ingérés par des patients allergiques au blanc d'œuf de poule. Mais la variation considérable de l'activité allergénique spécifique des divers blancs d'œufs indique que les patients avec une allergie à l'œuf de poule peuvent tolérer les œufs d'autres oiseaux, par exemple, de cane ou d'oie, ou l'inverse[40].

SUBSTITUTS ET FONCTIONS TECHNOLOGIQUES DE L'ŒUF

Des substituts de l'œuf existent dans le commerce. Ils se composent la plupart du temps de plusieurs ingrédients : amidon, fécule, épaississant (gomme de guar) et émulsifiant (graisse végétale). On en trouve en France par exemple sous la marque Valpiform.

Chacun des ingrédients suivants peut remplir une des **fonctions technologiques** de l'œuf :

- ✓ **Maïs, pomme de terre, tapioca, arrow-root...** Une fois humidifiées, toutes ces sources d'amidon prennent une texture gélatineuse et jouent un rôle de liant dans une recette. Il y a quelques variations en fonction de l'origine de l'amidon employé et également des différences de goût. En effet, les amidons de pomme de terre et de tapioca sont plus neutres en goût que l'amidon de maïs.
- ✓ **Plusieurs farines riches en protéines** peuvent remplacer les œufs en raison de leur pouvoir émulsifiant ou épaississant. La farine de lupin et la farine de soja remplacent l'effet stabilisateur de l'émulsion du jaune d'œuf en raison de la lécithine et des protéines qu'elles contiennent. Toutes deux apportent également une note biscuitée, une couleur jaune et ont une teneur en protéines intéressante.
- ✓ **Les graines de lin** moulues et diluées dans de l'eau produisent une substance gluante très voisine de la texture d'un blanc d'œuf.

- ✓ **Les compotes ou purées de légumes (courge, potiron, carotte, courgette)** peuvent jouer le rôle d'hydrocolloïdes (viscosité et rétention d'eau).
- ✓ **L'agar-agar ou la gomme guar** permet de remplacer les œufs grâce à son pouvoir gélifiant.
- ✓ **Les protéines de lactoserum (« petit lait »)** gélifient au chauffage comme les protéines de blanc d'œuf.

POISSONS

et produits à base de poissons

QU'APPELLE-T-ON POISSON ?

Nous connaissons tous ce que sont les poissons, ces animaux vertébrés aquatiques à branchies, pourvus de nageoires et dont le corps est le plus souvent couvert d'écailles. On trouve des poissons comestibles abondamment, aussi bien dans les eaux douces que dans les mers. On peut citer par exemple, comme poissons d'eau douce, l'anguille, le brochet, la carpe, la truite et, comme poissons de mer, l'anchois, le bar, le cabillaud, la raie, la sole, le saumon, le turbot...

La consommation de poisson et de produits de la mer atteint 34,6 kg/an/personne en France contre 21,8 en moyenne pour l'Europe. Certains pays se démarquent par une consommation élevée, comme la Norvège (53,4 kg), l'Islande (90,1 kg) ou encore le Portugal (56,8 kg) (données FAO STAT 2011).

PRÉVALENCE

La prévalence de l'allergie au poisson dépend des coutumes alimentaires du pays où elle est étudiée. En Europe, elle est particulièrement importante en Scandinavie ou dans les pays méditerranéens, où le poisson est consommé en abondance.

En France, parmi les individus souffrant d'allergie alimentaire, l'allergie au poisson touche 5 % des enfants et 3 % des adultes. De nombreuses espèces de poissons sont mises en cause dans les allergies : morue, thon, saumon, sardine, anchois, poissons d'eau douce, sole, colin... La réactivité croisée entre certaines variétés de poisson est la règle. Les poissons courants, comme le *thon*, le *saumon*, la *morue*, l'*anchois* et bien d'autres ont tous été signalés comme initiateurs de **réactions allergiques**. L'allergie au poisson et l'**allergie aux crustacés** ou **fruits de mer** sont généralement **deux allergies distinctes**, ce qui signifie que la personne ayant une allergie aux fruits de mer peut consommer du poisson sans danger, et vice versa.

QUELLE EST LA CAUSE DE L'ALLERGIE ?

Les protéines mises en cause dans les réactions allergiques sont présentes dans de nombreux poissons. Les individus souffrant d'allergies au poisson se doivent donc d'éviter de consommer tous types de poissons.

Il est parfois difficile de distinguer une allergie alimentaire IgE-dépendante au poisson ou aux fruits de mer, d'une intoxication histaminique voire d'une infestation par *Anisakis simplex*, parasite des poissons. L'intoxication à l'histamine ou syndrome scombroïde provient de la consommation de poissons mal conservés. Certaines espèces présentent davantage de risques, en particulier les anchois, le maquereau ou le thon, poissons fragiles qui se dégradent vite. En effet, dans ce cas, l'histamine provient de la dégradation de l'histidine (acide aminé) qui survient quand le poisson n'est plus assez frais.

LA PARVALBUMINE

L'espèce de poisson la plus étudiée concernant l'allergie est la morue de la Baltique (*Gadus callarias*) dont l'allergène majeur est Gad c 1. Cet allergène majeur du poisson est une parvalbumine bêta, retrouvée en abondance dans les muscles blancs des poissons, et en faible quantité chez les vertébrés supérieurs. La parvalbumine est une protéine appartenant à la famille des *calcium binding proteins*. Cette protéine participe à la régulation de l'afflux du calcium au sein du sarcoplasme. Elle est extrêmement stable et conserve ses propriétés allergiques après chauffage et protéolyse digestive. Il existe une réactivité croisée entre la parvalbumine de poisson et celle de la grenouille.

Une étude, menée en Italie sur 20 enfants allergiques au poisson et tous sensibilisés à la morue, a montré une importante réactivité croisée entre la morue et l'anguille suivie par ordre décroissant par le bar, le denté, la sole, le thon, la perche, la tanche, l'anchois, le rouget, la truite, le mulet, la carpe, la daurade, le maquereau, le saumon, la sardine et la roussette.

Différents travaux scientifiques montrent la faible réactivité croisée des poissons plats et du requin qui sont plus éloignés si l'on considère la classification des espèces.

Si la parvalbumine est un allergène thermorésistant, néanmoins, certains processus industriels peuvent modifier l'allergénicité du poisson. Il a été montré que les allergènes du thon en boîte sont dénaturés. La consommation de gélatine de poisson, de plus en plus utilisée dans l'industrie alimentaire ou pharmaceutique (gélules), semble sans danger en cas d'allergie au poisson[41].

DANS QUELLES PRÉPARATIONS COURANTES TROUVE-T-ON DU POISSON ?

Outre les plats qui contiennent explicitement du poisson, les produits suivants peuvent être cités comme contenant du poisson : bouillon de poisson, caviar, kamaboko, surimi, Nuoc-Mâm, pâte d'anchois, rogue, sauce de poisson, sushis, tarama.

Les personnes allergiques au poisson et aux fruits de mer ne doivent pas nécessairement éviter l'huile de poisson (oméga 3). En effet, les protéines sont très rarement solubles dans les huiles et les huiles de poisson vendues sur le marché sont généralement suffisamment raffinées pour en retirer toutes les protéines susceptibles de provoquer des réactions allergiques.

QUEL EST LE RÔLE DU POISSON EN CUISINE ? PAR QUOI PEUT-ON REMPLACER LE POISSON ?

Le poisson est une excellente source de protéines. Il est donc souvent utilisé comme apport protéique principal d'un repas. Sur le plan nutritionnel, le poisson compte aussi des matières grasses, en quantité variable selon l'espèce, qui sont des sources d'oméga 3. Parmi les poissons gras, certains contiennent davantage d'oméga 3 à longue chaîne (EPA, DHA) et sont donc particulièrement intéressants puisque ces oméga 3 dits « à longue chaîne » préviennent des maladies cardiovasculaires et sont nécessaires au développement et au fonctionnement de la rétine, du cerveau et du système nerveux. Les poissons apportent également des minéraux comme le phosphore et des oligoéléments comme l'iode, le zinc, le cuivre, le sélénium et le fluor, mais aussi des vitamines A, D, E et certaines vitamines du groupe B indispensables à la santé[42].

S'agissant du poisson, il est important de considérer l'apport en iode. En effet, l'iode est un oligo-élément impliqué dans la synthèse des hormones thyroïdiennes. La sécrétion de ces hormones commence dès le début de la vie du fœtus et participe aux fonctions vitales de l'organisme, notamment au développement et à la croissance du cerveau chez le fœtus et le nouveau-né. Dans le cadre d'une mesure de santé publique, le sel de table est utilisé en France comme vecteur d'enrichissement en iode (1 860 µg/100 g contre 1,8 µg/100 g pour du sel non iodé). Mais comme il est par ailleurs recommandé de diminuer l'apport en sel de table, on peut aussi compter pour cet apport en iode sur les produits d'origine marine : poissons, crustacés, mollusques en contiennent jusqu'à 400 µg/100 g. À ce titre, les algues sont également riches en iode et peuvent être utilisées en cuisine.

Teneur en iode de différents produits de la mer

Aliment	Teneur en iode en µg/100 g
Algue marine séchée laminaire *digitata* (kombu breton)	18 300 à 27 500 µg
Algue marine séchée laminaire *saccharina* (kombu royal)	25 200 à 63 200 µg
Algue marine séchée *palmaria palmata* (dulse)	6 700 à 11 230 µg
Algue marine séchée *undaria* (wakame)	12 000 à 31 200 µg
Algue marine séchée *porphyra umbilicalis* (nori)	1 400 à 20 600 µg
Huile de foie de morue	500 µg
Thon frais	80 µg

(Source : fr.wikipedia.org/wiki/Teneur_en_iode_des_aliments)

Le centre d'étude et de valorisation des algues alimentaires répertorie 18 algues alimentaires, dont par exemple la salicorne, le wakame, la dulse [43] dont les valeurs nutritionnelles ont été déterminées. Le site www.bord-a-bord.fr donne des idées d'utilisation culinaire de ces algues. Vous pouvez retrouver une partie de ces informations dans le tableau suivant.

Teneur en protéines, caractéristiques sensorielles et suggestion d'utilisation culinaire de quelques algues alimentaires

ALGUES	Laitue de mer	Dulse	Porphyre- Nori	Wakame	Kombu royal	Spaghettis de mer
Nom latin	*Ulva sp.*	*Palmaria palmata*	*Porphyra sp.*	*Undaria pinnatifida*	*Saccharina latissima*	*Himantalia elongata*
Teneur moyenne en protéines (g/100 g d'algues déshydratées)	15,9	17,2	31,5	14,1	10,3	10,1
Saveur	Fraîche, corsée. Rappelle le goût de l'oseille	Douce et iodée. Saveurs de crustacés	Thé fumé, champignon séché, huître	Goût d'huître	Sucrée et iodée	Iodée
Texture	Souple	Croquante au sortir de la mer et fondante après une rapide cuisson	Souple et fine (épaisse d'une seule couche de cellule)	Lame souple et stipe (nervure centrale) rigide	Charnue et croquante. Tendre sur les extrémités	Tendre
Suggestions d'utilisation	Crue et émincée : accompagnement crudités. Hachée dans sauces, potages ou vinaigrettes. S'utilise comme papillote	Crue et émincée : accompagnement crudités. Hachée dans sauces, potages ou vinaigrettes	En caviar sur pomme de terre au four. Accompagnement omelettes et sauces	Potages, tourtes et salades	Papillotes – aumônières. Cuisson des légumineuses...	Accompagnement légumes, poissons, tourtes...

ARACHIDES

et produits à base d'arachides

QU'EST-CE QUE L'ARACHIDE ?

L'arachide (*Arachis hypogaea*), également appelée cacahouète, est une plante de la famille des Légumineuses, originaire d'Amérique tropicale (Brésil, Pérou) et cultivée dans les régions tropicales, subtropicales et tempérées pour ses graines oléagineuses. Elle présente la particularité d'enterrer ses fruits après la fécondation. Le fruit est une gousse de 3 à 4 cm de long contenant le plus souvent seulement deux graines. Les graines de forme ovale sont enveloppées dans un tégument sec rouge.

PRÉVALENCE

La prévalence de l'allergie à l'arachide est évaluée entre 0,5 % et 1,8 % de la population générale selon les pays. Les données épidémiologiques les plus marquantes sont issues de Grande-Bretagne où la prévalence de cette allergie a augmenté de 0,6 % à 1,8 % au cours des années 2000. L'âge de détection des sensibilisations et des allergies alimentaires à l'arachide est de plus en plus précoce.

Les symptômes de l'allergie à l'arachide sont ceux de l'allergie alimentaire immédiate. Néanmoins, les signes de l'allergie à l'arachide sont plus sévères que ceux des autres allergies alimentaires. Selon les statistiques, l'allergie à l'arachide se manifeste par des symptômes graves (atteinte d'au moins deux organes cibles) dans 20 à 30 % des cas. Les trois quarts des décès par allergie alimentaire sont imputables à l'arachide et aux fruits à coque. Les signes de l'allergie à l'arachide peuvent se déclencher par d'autres voies que l'ingestion : baiser d'un individu venant de consommer de l'arachide ou bien inhalation ou contact cutané de produits contenant de l'arachide (ou d'une table contaminée) [44].

QUELLE EST LA CAUSE DE L'ALLERGIE ?

Onze allergènes ont été répertoriés pour l'arachide. Quatre allergènes sont considérés comme majeurs : Ara h 1, 2, 3 et 6. Les allergènes de l'arachide sont thermostables, donc présents à la fois dans l'arachide crue et grillée [16] mais le grillage augmente l'allergénicité d'Ara h 2 par un facteur 3,5. En Chine, la consommation d'arachide bouillie, et non grillée, serait responsable d'une plus faible incidence de l'allergie à l'arachide en comparaison avec l'Europe et les États-Unis.

Une forte homologie est démontrée entre l'arachide et la noisette. L'allergie à l'arachide est associée une fois sur deux à une allergie aux fruits à coque (noix, noisette, amande, pistache, pignon, noix de cajou, noix du Brésil...).

DANS QUELLES PRÉPARATIONS COURANTES TROUVE-T-ON DE L'ARACHIDE ? QUEL EST LE RÔLE TECHNOLOGIQUE DE L'ARACHIDE EN CUISINE ?

- **L'huile d'arachide**, utilisée comme huile de table ou comme matière première pour la fabrication de margarine, résiste bien aux hautes températures (friture). Les principaux acides gras de cette huile sont l'acide oléique (46,8 %), l'acide linoléique (33,4 %), et l'acide palmitique (10,0 %). Certaines huiles d'arachide non raffinées contiennent les allergènes de la cacahuète. Ces huiles pourraient donc être allergisantes. Néanmoins, la quantité d'allergène contenue dans l'huile est minime. Les protéines étant rarement solubles dans l'huile, l'huile d'arachide est tolérée par la majorité des allergiques à l'arachide. Cependant, comme il est simple d'utiliser d'autres huiles, la prudence impose d'éviter l'huile d'arachide.

- **Le beurre d'arachide.** Également connu sous le nom de beurre de cacahuètes, c'est une pâte à tartiner faite à base d'arachides. Il est populaire en Amérique et très utilisé dans la culture culinaire africaine. Il est fabriqué à partir de cacahuètes grillées et broyées. Le beurre d'arachide se présente sous forme d'une pâte « crémeuse » (*creamy* en anglais) ou « croquante » (*crunchy* en anglais), déterminée par le degré de broyage des arachides. Certains types de beurres de cacahuètes peuvent contenir différents autres ingrédients tels que du sel, des huiles d'autres graines, des émulsifiants, du sucre.

- **La farine d'arachide**, aliment de complément employé en biscuiterie (déshuilé, riche en acides aminés essentiels). La farine d'arachide est fabriquée à partir d'un broyat de cacahuètes tout ou partiellement déshuilé. En fonction de la quantité de matière grasse retirée, le produit obtenu est un produit dense en protéines (environ 53 g de protéines pour 100 g de farine). En cuisine, on peut utiliser la farine d'arachide comme épaississant pour les soupes, comme aromatisant et exhausteur de goût dans des produits de panification, des pâtisseries et autres plats.

- **Les arachides en coque** sont un aliment de base dans certains pays d'Afrique.
- **Les arachides décortiquées et grillées** sont utilisées dans des produits apéritifs, dans des confiseries.
- **La sauce satay (ou saté)** est un condiment utilisé en Asie du Sud-Est et aux Pays-Bas. Le condiment se présente sous forme de poudre. Il est composé de piments, d'oignons, de tomate, de crevettes et de cacahouètes.
- **La purée d'arachide,** pimentée ou non (Dakatine). Dakatine est une marque de beurre d'arachide non sucré qui entre dans la préparation de nombreuses spécialités culinaires telles que le mafé au Mali et au Sénégal ou certains rougails à La Réunion.

Du fait de ses multiples formes d'utilisation, l'arachide peut être présente dans de nombreux produits industriels : céréales, gâteaux, pains, produits de grignotage, glaces et entremets, laits et dérivés, substituts de viande et charcuteries.

Les aliments et les produits qui contiennent des arachides ou qui en contiennent souvent sont les mets ethniques, par exemple les satays, la cuisine thaïlandaise (par exemple, caris) et vietnamienne (par exemple, arachides broyées en garniture, rouleaux de printemps) ou chinoise (par exemple, sauce sichuanaise, rouleaux impériaux). On en trouve également dans les produits à base de protéines végétales hydrolysées ou non et des produits végétariens de remplacement de la viande [39].

PAR QUOI PEUT-ON REMPLACER L'ARACHIDE ?

S'il s'agit de remplacer l'huile, on peut bien sûr utiliser d'autres huiles végétales. Attention toutefois car toutes les huiles n'ont pas les mêmes aptitudes pour une utilisation en friture. Les huiles qui conviennent bien sont : l'huile de tournesol ordinaire, ou mieux l'huile de tournesol oléique, ou encore mieux un mélange spécial friture contenant de l'huile de tournesol, de tournesol oléique et un peu de colza en raison de sa richesse en antioxydant.

On peut établir un ordre d'utilisation de l'huile la plus adaptée à la friture à celle la moins adaptée : huile de palme > huile de coco (coprah) > huile d'olive – huile d'arachide > huile de tournesol – huile de maïs > huile de soja > huile de pépin de raisin. Les huiles de colza et de noix sont à proscrire pour les fritures car elles sont riches en oméga 3, très fragiles et s'oxydant très vite à haute température. Ces recommandations sont basées sur la composition de ces huiles en acides gras (voir tableau suivant).

Si l'on souhaite obtenir une texture croquante propre aux graines, on peut utiliser des graines de tournesol grillées ou des graines de citrouille, des copeaux de noix de coco grillés. La saveur « arachide » peut être obtenue avec du beurre de tournesol, de soja ou tahini (pâte de sésame). Enfin, en tant qu'épaississant, on peut utiliser la farine de châtaigne en remplacement de la farine d'arachide.

Teneur en acides gras de différentes huiles et sensibilité à la chaleur

Huile	Acides gras résistants à l'oxydation				Acide gras fragile	Antioxydant	Indices de stabilité (en minutes) à l'oxydation lors de la cuisson		
	C14:0	**C16:0**	**C18:0**	**C18:1**	**C18:2**	**Vitamine E**	**Indice de stabilité oxydative à 110 °C** [45]	**Indice de stabilité oxydative à 120 °C** [46]	**Temps d'induction oxydative à 140 °C** [45]
Palme	1	43	5	37	9	20	1 600	420 à 720	70
Coco	45	8	3	6	2	0,3	675	1 980	45
Olive	0	11	2	71	10	8 à 16	291	360 à 660	14
Arachide	0,1	10	2	45	32	13 à 33	304	180 à 900	12
Maïs	0	10	2	27	53	15	285	300	21
Tournesol	0,1	6	4	20	66	40 à 50	195	60 à 240	20
Soja	0	10	4	22	51	8	133	60 à 420	20
Pépin de raisin	0,1	7	3	16	70	30	125	180 à 300	7

SOJA

et produits à base de soja

QU'EST-CE QUE LE SOJA ?

Le soja (soya, pois chinois ou haricot oléagineux, *Glycine max*) est une espèce de plante annuelle de la famille des Légumineuses. Les graines, de forme sphérique ou elliptique, ont un diamètre de 5 à 11 mm et sont comestibles. Leur couleur varie du jaune au noir en passant par le vert.

Le soja est originaire des régions chaudes du sud-est de l'Asie, mais les États-Unis sont le premier producteur mondial. La culture du soja, comme celle de la plupart des plantes oléagineuses, n'a cessé de se développer dans le monde entre 1990 et 2010 (211 millions de tonnes produites en 2008-2009), mais le soja constitue une ressource économique importante depuis au moins 5 000 ans. Largement cultivé pour ses graines naturellement riches en protéine et en huile, il est utilisé dans l'alimentation humaine et animale. L'huile est utilisée dans de nombreuses applications industrielles.

Les graines de soja contiennent de 18 à 21 % d'huile et de 36 à 40 % de protéines. L'essentiel des graines est trituré et transformé en :

- huile : 42 millions de tonnes produites (par trituration et raffinage), dont 7 % servent d'agrocarburant ;
- tourteaux de soja, riches en protéines : 180 millions de tonnes pour nourrir les animaux d'élevage (bœuf, porc, volaille et poissons d'élevage).

Le soja est utilisé sous plusieurs formes dans l'alimentation humaine, surtout en Chine et au Japon. Son intérêt diététique est d'être une source protéique non carnée, donc non associée à des matières grasses saturées.

PRÉVALENCE – QUELLE EST LA CAUSE DE L'ALLERGIE ?

Environ 0,5 % de la population générale est touchée par les allergies aux produits issus du soja. Un grand nombre de protéines allergènes ont été identifiées dans le soja : Gly m 1 à 8.

Les allergènes du soja peuvent être classés en plusieurs familles protéiques en fonction de leurs propriétés structurales et fonctionnelles : les cupines (protéines de stockage du soja), les prolamines (protéines hydrophobes de coques, responsables d'asthmes sévères et reconnus comme allergènes professionnels), les homologues des pollens, les oléosines (protéines impliquées dans la formation des huiles, pouvant être responsables de réaction croisée à l'arachide).

Du fait que la germination des graines induit des changements métaboliques et une modification des protéines, il semble que la plupart des allergènes du soja soient complètement dégradés après trois jours de germination [47]. Les personnes allergiques au soja peuvent donc consommer des graines germées. Elles n'ont pas non plus nécessairement à éviter l'huile de soja car les huiles de soja vendues sur le marché sont généralement suffisamment raffinées pour en retirer toutes les protéines susceptibles de provoquer des réactions allergiques. Par sécurité, choisissez une autre huile, même si le risque est minime.

ALLERGIES CROISÉES

En fait, l'allergie alimentaire au soja isolée est exceptionnelle mais il existe un certain nombre d'allergies croisées :

- ✓ l'allergie au soja associée à une allergie aux protéines de lait de vache concernerait 10 % à 14 % des enfants allergiques au lait de vache ;
- ✓ 67 % des allergiques au soja sont aussi allergiques à l'arachide ;
- ✓ 10 % des patients polliniques au bouleau en Europe centrale seraient allergiques au soja par réactivité croisée entre protéines [48].

Tout comme les allergies à l'arachide et aux noix, l'allergie au soja s'est développée récemment avec son utilisation de plus en plus courante sous forme d'ingrédient alimentaire (protéines de soja naturelles ou texturées) ou d'additif (lécithine de soja). On trouve les ingrédients dérivés du soja dans les produits industriels de nature très diverse, parfois inattendue (viande hachée, plats cuisinés...). La lécithine de soja contenue dans la farine est notamment mise en cause dans l'asthme professionnel des boulangers [12].

DANS QUELLES PRÉPARATIONS COURANTES TROUVE-T-ON DU SOJA ?

Le soja est une des principales sources de protéines et d'huile pour l'alimentation humaine et animale et est souvent un allergène présent dans l'alimentation. On le retrouve ainsi au sein de divers aliments : produits non fermentés (jus de soja dit « lait » de soja, tofu), fermentés (miso, sauce soja – shoyu et tamari) ou industriels (farines, concentrés ou isolats de soja).

Le soja donne lieu à toute une déclinaison de produits traditionnels que l'on peut classer en produits fermentés ou non.

Aliments non fermentés

- La farine de soja obtenue par broyage de la graine est riche en protéines et pauvre en glucides. Elle est souvent mélangée à d'autres farines.
- Le tonyu ou « lait » de soja est une boisson, non laitière, riche en protéines, pauvre en lipides et en calcium et sans cholestérol. On y ajoute parfois du calcium pour l'enrichir. Il sert à la fabrication des « yaourts » de soja.
- L'huile de soja est une huile alimentaire de bonne qualité ayant un ratio oméga 6/oméga 3 légèrement trop élevé (6.7), la proportion idéale étant de 5, selon l'ANSES. C'est la deuxième huile alimentaire consommée dans le monde, après l'huile de palme. Les acides gras insaturés étant relativement sensibles à la température, et générateurs de chaînes polycycliques cancérigènes à température de cuisson (benzopyrènes), cette huile ne doit pas être employée en friture.
- Le tofu est fabriqué à partir de lait de soja qui, une fois caillé, donne une purée, elle-même transformée en une sorte de fromage qui peut être utilisé tendre (tofu soyeux), ferme ou frit.
- Les edamames sont des fèves de soja immatures, encore vertes, bouillies ou cuites à la vapeur.
- Les germes de soja jaune[1].

---

1 Les graines de soja *Glycine max* crues contiennent des composés toxiques (présence d'antitrypsine), elles sont indigestes crues et sont donc consommées cuites ou fermentées. Les « germes de soja » vendus en France sont en fait les jeunes pousses de haricot mungo (*Vigna radiata, ex. Phaseolus*, également appelé «soja vert») de 3 à 5 jours. Ceux-ci peuvent être consommés crus, les enzymes qu'ils contiennent facilitant leur digestion. Ils n'ont rien de commun avec le soja.

INGRÉDIENTS ALIMENTAIRES À BASE DE SOJA

Dans l'industrie alimentaire, des ingrédients alimentaires à base de soja sont employés dans de nombreux produits courants :

- ✓ **la lécithine de soja,** un additif alimentaire (E322) au rôle d'émulsifiant, très utilisée dans le chocolat ;
- ✓ **la farine de soja,** déshuilée ou non ;
- ✓ **les protéines de soja texturées,** qui peuvent remplacer partiellement ou totalement la viande. Certaines boulettes de viande contiennent des protéines de pois ou de soja ;
- ✓ **les concentrés et les isolats de soja,** produits plus riches en protéines que la farine (jusqu'à 90 %), utilisés en particulier dans les substituts de repas et les aliments infantiles.

Aliments fermentés

- Le **tofu fermenté ou sufu** est obtenu en ensemençant du tofu avec des moisissures (du genre Actinomucor, Rhizopus ou Mucor), suivi d'un salage et d'un affinage.
- Le **tempeh** est fabriqué à partir de graines fermentées et a une consistance plus ferme que le tofu.
- Le **natto** est fabriqué à partir de graines fermentées et a une consistance plutôt gluante.
- Le **miso** est fabriqué à partir d'une pâte de soja fermentée et peut être utilisé dans les soupes, les sauces et comme aromate.

- Le shoyu, communément appelé « sauce soja », est une sauce fabriquée à partir de graines de soja fermentées et d'une céréale torréfiée, fermentée et vieillie.
- Le tamari est une sauce de soja fermentée, sans blé, au goût plus prononcé que celui du shoyu.

QUEL EST LE RÔLE TECHNOLOGIQUE DU SOJA EN CUISINE ? PAR QUOI PEUT-ON REMPLACER LE SOJA ?

Dans notre culture gastronomique, le soja est souvent utilisé comme substitut de produit carné ou laitier. On peut donc faire le chemin inverse pour éviter le soja et consommer des protéines animales. Néanmoins, si l'on veut conserver un apport protéique par le biais de protéines végétales, il faut trouver des protéines végétales aussi bien équilibrées en acides aminés que le soja. On peut à cette fin utiliser des associations de protéines de diverses origines associant légumineuses et céréales, telles que pois chiche + blé en semoule, haricots rouges + maïs, ou encore lentilles + riz. L'association légumineuses-céréales permet de compenser les protéines de légumineuses, pauvres en résidus d'acides aminés soufrés indispensables tels que la méthionine, avec les protéines de céréales, riches en méthionine et cystéine. Inversement, les protéines de légumineuses permettent de compenser la faiblesse des céréales en résidus de lysine, autre acide aminé indispensable à l'Homme.

Pour remplacer les assaisonnements à base de sauce soja, on peut utiliser de la mélasse et du vinaigre balsamique en combiné.

LAIT

et produits à base de lait (y compris de lactose)

QU'EST-CE QUE LE LAIT ?

La dénomination « lait » est réservée exclusivement au produit de la sécrétion mammaire normale (d'un mammifère bien sûr), obtenu par une ou plusieurs traites, sans aucune addition ni soustraction.

On entend par « produits laitiers » les produits dérivés exclusivement du lait, étant entendu que des substances nécessaires pour leur fabrication peuvent être ajoutées, pourvu que ces substances ne soient pas utilisées en vue de remplacer, en tout ou partie, l'un quelconque des constituants du lait (figure suivante).

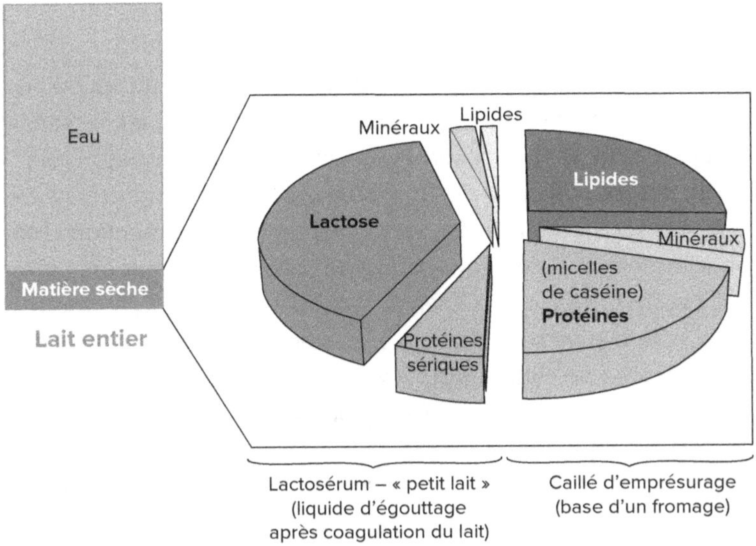

Les différentes fractions du lait de vache

Sont réservées uniquement aux produits laitiers les dénominations suivantes : lactosérum (partie liquide issue de la coagulation du lait), crème (obtenue par écrémage du lait de vache, contient au moins 30 % de matière grasse), beurre (matière grasse du lait travaillée mécaniquement), babeurre (sérum de la crème obtenu lors de la fabrication du beurre par barattage), matière grasse laitière anhydre et butter-oil (matière grasse de lait dépourvue d'eau et de constituants solides), caséines (fraction protéique non soluble du lait), fromage, yaourt (ou yoghourt), kéfir (boisson turque issue de la fermentation du lait), koumis (boisson d'Asie Centrale à base de lait fermenté de jument), viili/fil (produit fermenté de type yaourt originaire des pays nordiques), smetana (crème fraîche épaisse aigre d'Europe centrale et d'Europe de l'Est). L'espèce animale dont proviennent le lait et les produits laitiers ne doit être spécifiée que s'ils ne proviennent pas de l'espèce bovine (définition du *Journal officiel de l'Union européenne*, 16/11/2007, L299/105).

Gluten Crustacés Œufs Poissons Arachides Soja LAIT Coques Céleri Moutarde Sésame Sulfites Lupin Mollusques

PRÉVALENCE

Considérée comme très rare avant 1950 [49], l'allergie au lait de vache est maintenant bien connue. C'est la cause la plus fréquente d'allergie alimentaire chez le nourrisson dans les pays développés. Chez l'enfant, elle est responsable de 12,6 % des allergies alimentaires. Cette allergie est souvent associée, par un mécanisme de réaction croisée, à une allergie au lait de chèvre et/ou de brebis. En revanche, l'allergie au lait de chèvre et/ou de brebis, sans allergie au lait de vache, est de description plus récente [50]. Le déclenchement de cette allergie au lait de vache se situe en général au terme de quelques semaines de vie. Il est plus rare après un an, mais, à l'extrême, des allergies au lait de vache peuvent se déclencher chez le grand enfant ou chez l'adulte. La tolérance naturelle au lait de vache s'installe dans 45 à 56 % des cas à 1 an et dans 60 à 77 % des cas à 3 ans [49].

QUELLE EST LA CAUSE DE L'ALLERGIE ?

L'allergie vis-à-vis d'un ou de plusieurs laits est liée aux protéines qu'ils contiennent, spécifiques à chaque espèce animale. Les **caséines alpha, bêta et gamma** (fractions spécifiques des caséines du lait) constituent les principales protéines allergisantes des laits et de leurs dérivés où l'on retrouve les caséines, tels que les fromages. L'allergie croisée entre le lait de vache et le lait de chèvre et/ou de brebis serait due à des homologies structurales très importantes entre les caséines de ces deux laits et principalement l'alpha caséine [50].

L'allergie peut également être due aux protéines de lactosérum (protéines sériques de lait). La **bêta-lactoglobuline**, protéine sérique majoritaire du lactosérum de lait de vache, n'existe pas dans le lait maternel. Le risque allergène est important, d'autant que la bêta-lactoglobuline qui a une structure rigide est difficilement dégradée par les enzymes digestives [51].

Lors du sevrage, les nourrissons vivent une période transitoire pendant laquelle les protéines maternelles sont remplacées par des protéines étrangères. Dans le même temps, au début de la vie d'un nourrisson, le système digestif et le système immunitaire finissent leur maturation. L'allergie aux protéines du lait de vache peut donc se développer au moment du sevrage et donner lieu à des symptômes digestifs, respiratoires, cutanés ou systémiques. L'allergie au lait de vache est assez commune et souvent transitoire chez environ 2,5 % des enfants de moins de deux ans[52,53].

Ne pas confondre allergie aux protéines de lait et intolérance au lactose

L'allergie aux protéines de lait de vache et l'intolérance au lactose sont des réactions d'hypersensibilité, immunologiques pour l'allergie et non immunologiques pour l'intolérance. Elles partagent une symptomatologie digestive. L'allergie aux protéines de lait de vache justifie un régime d'éviction stricte de tous produits laitiers et dérivés.

Dans l'intolérance au lactose, le régime consiste à éviter de consommer des produits laitiers riches en lactose, le seuil de tolérance variant selon les personnes. Toutefois, l'allergie alimentaire peut induire un déficit en lactase (et donc une intolérance au lactose), secondaire à l'inflammation de la muqueuse digestive qu'elle induit[55].

Les yaourts modernes sont issus d'un lait additionné de protéines sériques qui subit un traitement thermique du lait prolongé (90 °C, 4 min). La dénaturation thermique de la bêta-lactoglobuline et son hydrolyse par des protéases de bactéries lactiques dans les yaourts pourraient réduire fortement le risque allergène. Par exemple, il a été montré que les épitopes de la bêta-lactoglobuline étaient hydrolysés par la bactérie lactique *Lactobacillus delbrueckii subsp. bulgaricus* CRL 454 [54]. Actuellement, les ferments utilisés dans les yaourts du commerce ne permettent pas de se protéger contre l'allergie à la bêta-lactoglobuline.

DANS QUELS PRODUITS TRADITIONNELS DU LAIT RETROUVE-T-ON LES CASÉINES ? LA BÊTA-LACTOGLOBULINE ? LE LACTOSE ?

Le tableau suivant répertorie la présence de caséines, bêta-lactoglobuline et lactose dans différents laits et catégories de produits laitiers.

Présence de caséines, bêta-lactoglobuline et lactose dans différents laits et catégories de produits laitiers

Produit	Contient des caséines	Contient de la bêta-lactoglobuline	Contient du lactose
Lait de vache	✓	✓	✓
Lait d'autres mammifères	✓	Δ	✓
Lactosérum	Δ*	✓	✓
Crème	✓	✓	✓
Beurre	✓	✓	✓
Babeurre	✓	✓	✓
MGLA (matière grasse butyrique anhydre)	o	o	o

Produit	Contient des caséines	Contient de la bêta-lactoglobuline	Contient du lactose
Butter-oil	o	o	o
Caséines	√	o	o
Fromages frais	√	√	√
Fromages à pâte molle	√	√	Δ
Fromages à pâte pressée	√	o	Δ
Yaourts	√	√	√**
Autres produits fermentés	√	Δ	Δ

√ = oui, o = non ou traces, Δ = teneur variable, à vérifier pour chacun des produits.

* trace, sous forme parfois de glycomacropeptide (partie de caséine kappa).

** perte de 20 à 30 % de la teneur de départ, 3,2 à 4,5 g/100 g [56].

QUEL EST LE RÔLE TECHNOLOGIQUE DU LAIT EN CUISINE ?

Outre les produits laitiers traditionnels précédemment cités, le lait entre dans la composition de nombreuses préparations culinaires comme les crêpes, les sauces, la majorité des desserts.

En plus de sa fonction nutritionnelle, le lait et les produits laitiers peuvent remplir des fonctions diverses en cuisine :

- **Apport de couleur et d'arôme :** en effet, sous l'action de la chaleur, le lait se colore du fait de réactions entre les protéines et le lactose. Ce phénomène est connu sous le nom de réactions de Maillard. Ces réactions produisent des colorants bruns et également des arômes (odeur de grillé, de cuit).
- **Apport de texture :** c'est le cas en particulier lorsque l'on incorpore des fromages frais dans des préparations. Le fromage que

l'on ajoute est alors un gel qui vient apporter du corps à une préparation liquide.

- **Rôle d'émulsifiant :** c'est le cas dans les sauces où le lait sert à la fois de liquide de dilution et dont les protéines permettent de créer une bonne émulsion avec la matière grasse introduite dans la recette. Les protéines peuvent également interagir avec l'amidon de la farine, dans le cas par exemple de la sauce béchamel.
- **Apport de matière grasse :** l'ajout de beurre ou de crème permet effectivement d'ajouter une quantité de matière grasse plus ou moins importante. Il est à noter que ces deux produits contiennent encore un peu de lactose et de protéines, ce qui suffit à permettre la réaction de Maillard et donc à apporter de la couleur et un certain arôme au produit cuisiné.

DANS QUELS PRODUITS TRANSFORMÉS TROUVE-T-ON DES PRODUITS LAITIERS : QUELQUES EXEMPLES...

Les produits laitiers sont particulièrement ubiquitaires en industries alimentaires. Ces produits possèdent des propriétés technologiques (aptitudes culinaires) exceptionnelles :

- le lait est facile à sécher sans que les protéines ne perdent leurs aptitudes technologiques (aptitudes à la stabilisation d'émulsion, rétention d'eau, capacité gélifiante) ;
- les poudres de lait se conservent bien à température ambiante et sur de longues périodes ;
- les protéines séchées se solubilisent aisément ;
- les poudres de protéines de lait sont blanches (ce qui autorise toutes sortes de coloration), extrêmement peu aromatiques (ce qui permet toutes sortes d'aromatisation) ;

- le lactose est peu coûteux, possède un faible pouvoir sucrant, ce qui permet une utilisation d'agent de charge, ou capteur d'eau ou d'agent de coloration (par la réaction dite de Maillard avec une protéine) sans sucrer (ce que ne peut pas faire le glucose par exemple issu des sirops de maïs) ;
- la matière grasse laitière possède une grande étendue de plage de fusion et reste concrète (solide) à des températures ambiantes pour ramollir vers 40 °C et se liquéfier plus haut.

De fait, les industries alimentaires privilégient ces produits à beaucoup d'autres.

Nombre de **biscuits** contiennent du lactose et même des protéines de lait pour faciliter le dorage des biscuits (vous lirez sur la liste d'ingrédients différentes dénominations : lait, poudre de lait, lactosérum, poudre de lactosérum, lactose, protéines de lait, protéines sériques, protéines de lactosérum, petit lait). On trouvera dans le **chocolat** au lait et tous les chocolats-fantaisie ces mêmes ingrédients et même dans certains chocolats noirs ! En revanche, les poudres de cacao ne contiennent en général pas de produits laitiers.

Le **pain** ne contient pas légalement de poudres de lait, tout comme les **biscottes**. En revanche, le pain au lait contient des produits laitiers. Les **brioches** contiennent souvent des produits laitiers.

Dans certains **pâtés**, dans certaines **charcuteries**, vous trouverez des protéines de lait, servant à remplacer tout ou partie de l'œuf, ou à économiser un peu de viande porcine ou encore à accroître la rétention d'eau. Il est extrêmement difficile de trouver des **saucisses** et **saucissons** sans lactose (ou lactosérum ou protéines de lactosérum) : le lactose sert à la fermentation des saucissons. De rares fois, on trouvera des saucissons qui contiennent du glucose ou/et du dextrose en remplacement du lactose et poudre de lactosérum. Là encore, lisez bien la liste d'ingrédients. Les **soupes** en sachets contiennent souvent des protéines de lait (base aromatique, agent émulsifiant pour stabiliser la matière grasse). De très nombreux desserts prêts à consommer contiennent des produits laitiers : les flans, les laits gélifiés type « Flamby » ou « Danette », bien sûr, mais encore les gâteaux et pâtisseries de toutes sortes, les glaces comme la crème glacée, mais aussi parfois certains sorbets !

En restauration rapide, il est difficile de s'affranchir de lactose ou de protéine de lait : sandwich au beurre, hamburger et son fromage fondu (protéine de lait et lactose), fromage frais « tartinable ». Pour les intolérants sévères au lactose, la restauration rapide est peu adaptée. Certains fromages sont toutefois adaptés aux intolérants au lactose : pâtes pressés et pâtes pressées cuites de plus de 6 mois d'affinage, et certaines pâtes molles industrielles (Camembert et Coulommiers de certaines marques).

PAR QUOI PEUT-ON REMPLACER LE LAIT ?

Quand il s'agit dans une recette d'avoir un apport de liquide riche en protéines, des boissons de consistance et/ou d'apparence similaires et produites à base de végétaux, telles le lait de soja, de coco, et dans une moindre mesure de riz, d'amande, de souchet, d'avoine ou de noisette, sont utilisables. Elles contiennent des protéines qui ne sont ni des caséines ni des protéines de lactoserum, avec des teneurs variables. Pour rendre leur consommation agréable, ces boissons sont souvent préparées avec ajout de lipides (huile de tournesol par exemple pour des boissons à base d'épeautre, d'avoine ou de châtaigne), ajout de sucres ou d'amidon (par exemple dans les boissons à base d'amande, de châtaigne ou de noisette).

Attention ! Réglementairement, seules les dénominations « lait de coco » et « lait d'amande » sont autorisées pour des produits non laitiers !

Teneurs en protéines de « laits végétaux » et de laits de quelques mammifères

Boisson végétale	Teneur en protéines (g) pour 100 ml pour différents produits commerciaux	Lait de quelques mammifères	Teneur moyenne en protéines (g) pour 100 ml[57]
Boisson de soja	3,6	*Lait de vache*	3,1-3,9
Lait de coco	1,6	*Lait de chèvre*	3,1
Boisson de riz	0,1	*Lait de brebis*	5,5
Lait d'amande	0,7	*Lait de bufflonne*	4,3-5,9
Boisson de souchet	0,5	*Lait de jument*	2,7
Boisson d'avoine	0,5	*Lait de chamelle*	3,7
Boisson de noisette	0,6	*Lait humain*	1,1

Pour l'apport de texture de type fromage frais, on peut utiliser du tofu, ferme ou soyeux selon la consistance désirée et selon la teneur en protéines désirée. Le tofu est obtenu par coagulation et pressage du jus de soja. C'est un gel de couleur blanche qui peut être découpé, écrasé, aromatisé, mariné…

Pour obtenir le développement de réactions de Maillard à la cuisson comme avec le lait, il faut ajouter un sucre dit « réducteur » comme le lactose : cela est possible en utilisant du sirop de glucose (par exemple du sirop de maïs hydrolysé ou du miel) ou du maltose par exemple (maltodextrine avec un dextrose équivalent – DE – compris entre 3 et 20, ou une dextrine avec un DE compris entre 1 et 13).

Enfin pour l'apport de matière grasse :

- en substitut de beurre, on peut utiliser des margarines (mélange d'huiles végétales), de l'huile de palme, de coco… ;
- en substitut de crème, il existe diverses préparations telles que la crème de coco, la crème de soja, d'avoine…

Attention toutefois au comportement de ces produits à la chaleur, aux modifications de texture et de goût.

FRUITS À COQUE

(amandes, noisettes, noix,
noix de : cajou, pécan, macadamia,
du Brésil, du Queensland, pistaches)
et produits à base de ces fruits

QU'APPELLE-T-ON FRUIT À COQUE ?

Les fruits à coque aussi appelés fruits à écale, sont les fruits disposant d'une coque solide et imperméable la plupart du temps. Du point de vue botanique, il s'agit en réalité de fruits ou de leurs graines, appartenant à différentes familles :

- fruits secs ne s'ouvrant pas à maturité ou akènes, par exemple la noisette ;
- graines de fruits charnus ou drupes, appelées noyaux, par exemple l'amande, ou moins charnus, par exemple la noix ;
- fruits secs s'ouvrant naturellement à maturité, gousses, par exemple l'arachide ou cacahuète (pour cette catégorie, voir la fiche « arachides »).

L'**amande** est le fruit de l'amandier (famille des Rosacées ; amandier cultivé = *Prunus dulcis)*. De forme ovoïde, recouverte d'une peau veloutée au toucher, verte et duveteuse, l'amande est un fruit à coque ressemblant à une petite pêche verte, dont la chair reste mince, dure et sèche et ne devient jamais juteuse. Elle renferme un noyau jaune crevassé et ligneux, à coque épaisse (amandon), qui renferme une ou deux graines, également appelées « amandes ». L'amande (dans ce second sens) est une graine oléagineuse à la chair pâle, croquante, douce ou amère (pour les amandes sauvages). Oblongue et aplatie, pointue à l'extrémité portant le germe, elle est couverte d'une peau brune légèrement velue. Quand cette peau est retirée doucement, l'amande est dite émondée.

La **noisette**, parfois appelée « aveline », est le fruit du noisetier commun (*Corylus avellana*). Sur le plan botanique, la noisette est une coquille dotée d'un péricarpe ligneux appelé involucre et renfermant une seule graine qui occupe normalement toute la cavité interne du péricarpe.

La **noix** (fruit du noyer, *Juglans L.*) est une drupe, fruit charnu à noyau. La noix est en fait le noyau sec de cette drupe. La noix se présente sous la forme d'une coquille, ou coque, qui est l'endocarpe lignifié. Cette coque, qui mesure de quatre à cinq centimètres de long sur trois à quatre centimètres de large, se sépare en deux. La chair de la noix encore verte est appelée « cerneau », elle est recouverte d'une fine membrane appelée le « mésocarpe ». La séparation membraneuse qui divise l'intérieur d'une noix s'appelle le « zeste », et chaque quartier de noix défini par ce zeste s'appelle une « cuisse ».

La **noix de cajou** ou anacarde (cachou au Québec) est le fruit de l'anacardier (*Anacardium occidentale*), arbre originaire du Nordeste brésilien et son amande comestible constitue le principal produit utilisé de cette plante. C'est un akène se développant en premier à l'extrémité d'un pédoncule juteux et comestible lui aussi, qui est un faux fruit appelé pomme de cajou. La coque de la noix est composée de deux coquilles, l'une à l'extérieur de couleur verte et fine, l'autre interne de couleur brune et dure, séparées par une structure à cavités qui contient une résine phénolique caustique appelée baume de cajou. Au centre de la noix se trouve une seule amande en forme de demi-lune d'environ trois centimètres de longueur, entourée d'une pellicule blanche. C'est la « noix de cajou ».

La pacane, ou **noix de pécan**, est le fruit du pacanier (*Carya illinoinensis*), arbre de la famille des Juglandacées, originaire d'Amérique du Nord. C'est un fruit sec (botaniquement, c'est le noyau d'une drupe), proche de la noix.

La **noix de macadam**, ou **noix du Queensland** est le fruit du noyer du Queensland, un arbre tropical de l'État du Queensland (au Nord-Est de l'Australie) du genre *Macadamia*. La noix de macadamia est une drupe formée d'une amande enfermée dans une coque ronde brunâtre, lisse et extrêmement dure protégée par une mince enveloppe charnue, le brou. Elle se présente en grappes. À maturité, le brou se fend, la noix est mûre quand elle tombe. Les macadamias fraîches, aux amandes douces, d'une saveur fine, proche de celle de la noix de coco, sont spécialement difficiles à ouvrir. La noix sèche en trois mois, elle éclate alors sous une pression légèrement moindre, sa saveur est plus prononcée et sa texture est devenue grasse. Deux espèces sont cultivées de façon significative sur le plan commercial et donnent des amandes pouvant être consommées crues : *Macadamia integrifolia* et *Macadamia tetraphylla*. Comparées aux autres graines, les noix de macadamia ont une teneur très élevée en lipides et très faible en protéines.

La **noix brésilienne**, noix d'Amazonie, châtaigne du Brésil ou castanha-do-Pará (en portugais) est le nom donné aux graines contenues dans la coque du fruit d'un arbre, le noyer d'Amazonie (*Bertholletia excelsa*), plante sud-américaine de la famille des

Lecythidaceae. Cet arbre pousse dans les régions subtropicales d'Amérique. La noix est principalement produite dans trois grands pays d'Amérique du Sud, à savoir le Brésil, le Pérou et la Bolivie.

La **pistache** est un fruit sec, produit par un arbuste de climat méditerranéen, le pistachier vrai (*Pistacia vera L.*) de la famille des Anacardiacées. Elle se présente sous la forme d'une petite graine de couleur verdâtre et de saveur douce, logée dans une coque qui s'ouvre quand le fruit est mûr.

PRÉVALENCE

Les fruits à coque font partie des aliments qui causent le plus de réactions anaphylactiques fatales. L'allergie aux fruits à coque est d'autant plus grave qu'elle semble persister à l'âge adulte. De plus, les réactions croisées et/ou associées entre les différents fruits à coque, l'arachide et d'autres végétaux (comme le pignon de pin, le sésame) sont fréquentes ; ce qui implique la recherche d'une sensibilisation à d'autres allergènes lorsqu'une allergie à l'un de ceux-ci est détectée.

Il est assez difficile de trouver des chiffres précis sur la prévalence de l'allergie étant donné qu'ils sont assez nombreux et que l'arachide est bien souvent incluse dans le groupe des « nuts ». Dans certaines études scientifiques, il n'est même pas toujours précisé si celle-ci fait partie de l'étude ou pas. Cependant, on sait que la prévalence des allergies dépend de l'âge et des habitudes de consommation. Les premiers allergènes rencontrés en France chez l'enfant sont l'œuf, le lait, l'arachide et les fruits à coque. Tandis que chez l'adulte, ce sont les Prunoïdées, les fruits du groupe latex, les Apiacées, et la farine de blé, les fruits à coque atteignant la 5e place. La prévalence de l'allergie alimentaire aux fruits à coque en Europe atteint 4,7 % chez les enfants et de 3,2 à 3,7 % chez les adultes[40].

Le premier fruit à coque responsable d'allergies varie d'un pays à l'autre. Il s'agit en Europe de la noisette, suivie de la noix de cajou et de la pistache (58 % des allergies aux fruits à coque), de la noix de cajou aux États-Unis et en Australie ainsi que de la noix du Brésil en Grande-Bretagne. La noix de cajou représente le fruit à coque dont l'augmentation de fréquence des allergies est préoccupante. Les symptômes semblent aussi sévères que ceux de l'allergie à l'arachide. Des cas d'anaphylaxies aiguës sévères et mortelles ont été décrits chez l'enfant et l'adolescent. L'allergie à la noix de cajou concerne des enfants jeunes, en moyenne âgés de 2 ans. Les réactions sont déclenchées dans les trois quarts des cas dès la première ingestion de noix de cajou. Dans un cas sur deux, on trouve une allergie associée à la pistache (réaction croisée)[44].

QUELLE EST LA CAUSE DE L'ALLERGIE ?

Différents allergènes ont été identifiés pour les fruits à coque.

Allergènes des fruits à coque

Nom d'espèce	Nom commun	Allergène	Nom biochimique de l'allergène
Prunus dulcis	Amande	Pru du 3	Non-specific lipid transfer protein 1 (nsLTP1)
		Pru du 4	Profilin
		Pru du 5	60s acidic ribosomal prot. P2
		Pru du 6	Amandin, 11S globulin legumin-like protein
Corylus avellana	Noisette	Cor a 1	Pathogenesis-related protein, PR-10, Bet v 1 family member
		Cor a 2	Profilin
		Cor a 8	Non-specific lipid transfer protein type 1

Nom d'espèce	Nom commun	Allergène	Nom biochimique de l'allergène
		Cor a 9	11S seed storage globulin (legumin-like)
		Cor a 11	7S seed storage globulin (vicilin-like)
		Cor a 12	17 kDa oelosin
		Cor a 13	14-16 kDa oleosin
		Cor a 14	Albumine 2S
Juglans nigra	Noix	Jug n 1	albumine 2S, protéine de stockage de la graine
		Jug n 2	Vicilline, protéine de stockage de la graine
Carya illinoinensis	Pécan	Car i 1	2S albumin seed storage protein
		Car i 4	Legumin seed storage protein
Anacardium occidentale	Cajou	Ana o 1	Vicilin-like protein
		Ana o 2	Legumin-like protein
		Ana o 3	2S albumin
Bertholletia excelsa	Noix du Brésil	Ber e 1	2S sulfur-rich seed storage albumin
		Ber e 2	11S globulin seed storage protein
Pistacia vera	Pistache	Pis v 1	2S albumin
		Pis v 2	11S globulin subunit
		Pis v 3	Vicillin
		Pis v 4	Manganese superoxide dismutase
		Pis v 5	11S globulin subunit

(source : www.allergen.org)

Bien que la consommation de noix de macadamia soit en constante augmentation, seuls quelques cas d'anaphylaxie sont répertoriés et les allergènes responsables ne sont pas décrits en détail [58].

L'allergie alimentaire à la noix de macadamia est encore très rare en France. Elle paraît plus fréquente aux États-Unis. On dispose de deux évaluations par les mêmes auteurs : en 2001, la noix de macadamia ne représentait que 5 % des allergies aux fruits à coque ; en 2010, sur 74 sujets allergiques aux fruits à coque, 17 réactions sont observées à la noix de macadamia (23 %), quoique les réactions soient encore plus fréquentes aux noix de cajou et pistache (48 fois), à la noix de pécan (26 fois), moins à la noix du Brésil (19 fois), à la noisette (17 fois) et aux pignons de pin (11 fois) [59,58].

Mais les usages se multipliant (culinaire, cosmétique – application ou massage), le risque allergique de la noix de macadamia sous toutes ses formes mérite donc l'attention des allergologues. Il existe aux États-Unis de nombreuses plantations et des dermites de contact ont été signalées parmi le personnel des industries procédant au décorticage des noix. Les allergènes des coques ne sont pas présents dans la noix comestible. Bien qu'elle soit utilisée dans des cosmétiques, aucun cas d'allergie à l'application n'est décrit.

ALLERGIES CROISÉES

Bien qu'une allergie aux aliments d'origine végétale soit souvent due à une sensibilisation primaire aux pollens (par inhalation), l'allergie aux fruits à coque est presque exclusivement due à une réelle sensibilisation alimentaire, non médiée par les pollens. Seule l'allergie aux noisettes peut être provoquée par une sensibilisation au pollen de bouleau ou plus rarement, au pollen d'armoise. Certaines études ont mis en évidence une forte association entre les allergies à l'arachide et aux fruits à coque.

Pour la noisette : plusieurs allergènes ont été identifiés dans les noisettes dont des homologues de certains pollens. On a démontré qu'il y a une réactivité croisée entre l'allergène majeur Cor a 1 et Bet v 1 (l'allergène majeur du pollen de bouleau). Ara h 9, un allergène de l'arachide serait à l'origine de réactions croisées entre celle-ci et certains fruits à coque dont la noisette. En outre, des réactions croisées entre la noisette et la noix de macadamia peuvent se produire.

Pour la noix : des réactions croisées entre la noix et la noix de pécan pourraient survenir. Les réactions croisées entre la noix et l'arachide ont été étudiées. Cependant, bien que l'allergène majeur (Jug r 2) soit identique à 70 % avec la viciline Ara h 1, il semble qu'il n'y ait pas de réaction croisée avec la protéine de l'arachide homologue. Un allergène mineur du sésame (globuline 11S) montre une réactivité croisée partielle avec la noix.

Le **pignon de pin** pourrait présenter une réaction croisée avec l'amande.

Les **vicilines** seraient responsables de certaines allergies croisées entre les arachides et certaines noix dont la noix du Brésil [40].

DANS QUELLES PRÉPARATIONS COURANTES TROUVE-T-ON DES FRUITS À COQUE ?

Amande

L'amande est utilisée depuis longtemps. Les anciens Égyptiens utilisaient déjà l'huile d'amande comme cosmétique, et mettaient des amandes dans le pain qui était servi aux Pharaons. En Grèce, où l'on a cultivé l'amandier à grande échelle, on consomme l'amande directement (selon les croyances locales, elle est supposée contrer les effets de l'alcool) ou sous forme de lait. Elle fut souvent cuisinée au Moyen Âge sous forme de lait, pour préparer aussi bien des potages que des entremets sucrés, dont le fameux blanc-manger. Les premières amandes douces fraîches de la saison se dégustent en dessert, comme les amandes vertes. Séchée (entière, grillée, effilée, pilée, en pâte, en crème ou en lait), la graine se consomme telle quelle et entre dans la préparation de nombreux gâteaux, biscuits, bonbons et confiseries (dragée, praline, touron, massepain) ; elle accompagne le poisson (truite), la viande (poulet, pigeon) et diverses préparations (couscous, farces, beurres composés). L'amande amère séchée est toxique en grande quantité car elle contient de l'acide cyanhydrique. Elle s'utilise cependant à faible dose en pâtisserie et en confiserie (par exemple pour la préparation de la coucougnette, du massepain, du calisson). On l'utilise en mélange avec du sucre et de la noisette dans la confection du pralin. L'orgeat que l'on consomme de nos jours est une boisson fabriquée à partir d'amandes.

Noisette

Cette graine est consommée comme fruit sec. Elle est aussi souvent utilisée râpée en poudre, concassée, ou coupée en copeaux, en pâtisserie et en confiserie sous diverses formes. La noisette, tout comme l'amande, entre dans la confection du praliné. On extrait également de la noisette une huile comestible mais sujette au rancissement.

Noix

Les noix fraîches ou sèches peuvent se consommer directement comme fruits secs. Les cerneaux sont utilisés en cuisine (décoration de salades), et en pâtisserie (tartes, gâteaux). On peut également préparer de la confiture de noix. Les noix entrent également dans la composition de divers produits : pain aux noix, fromage aux noix, miel aux noix, confiserie, charcuterie, liqueur, apéritif... On extrait aussi par pression de l'huile de noix ; on table sur un rendement de 50 % pour un pressage à l'ancienne, c'est-à-dire que pour 40 kg de cerneaux on obtient vingt litres d'huile. C'est une huile de qualité, au goût de noix très prononcé, et aux propriétés nutritionnelles intéressantes (beaucoup d'acides gras oméga 3 pour un peu d'acides gras oméga 6). Cependant, c'est une huile onéreuse et qui se rancit assez rapidement à la lumière et/ou à la chaleur, du fait de la forte proportion d'acides gras insaturés la composant. C'est pourquoi l'huile de noix ne supporte pas d'être employée comme huile de cuisson ou de friture. La conservation de l'huile de noix se fait donc à l'abri de la lumière et au frais.

Noix de pécan

Elle s'utilise en pâtisserie et garniture dans des crèmes glacées ou du chocolat noir.

Noix de cajou

Elle peut être consommée telle quelle ou servir en cuisine (comme l'arachide). Toutefois, en Europe, elle est principalement commercialisée grillée et salée, en tant qu'apéritif au même titre que les cacahuètes. Sous forme broyée, elle entre dans la composition de plusieurs plats cuisinés (rôti végétarien, poulet aux noix de cajou, etc.) ou pour agrémenter les salades. De l'amande est aussi extraite par pressage une huile vierge utilisée en cosmétique ou en pharmacologie, plus rarement (à cause de son coût élevé) dans les préparations culinaires en tant qu'huile alimentaire.

Noix de macadamia ou du Queensland

La noix de macadamia ou noix du Queensland est originaire d'Australie et Nouvelle-Zélande ; elle est également cultivée au Brésil et en Californie. On en extrait de l'huile (pression à froid) à usage alimentaire et cosmétique. On la consomme nature, cuite, salée, sucrée, grillée à l'apéritif ou caramélisée dans les crèmes glacées. On la trouve également dans des biscuits. Les usages de la noix de macadamia tendent actuellement à s'élargir. L'huile de macadamia pressée à froid peut contenir les allergènes de la noix.

Noix brésilienne

On consomme l'amande sous sa forme entière, débarrassée de son enveloppe, principalement comme fruit sec. On peut aussi en extraire une huile alimentaire.

Pistache

Elle peut se consommer crue, comme les amandes, ou grillée. Elle accompagne souvent l'apéritif. On incorpore la pistache aux sauces, aux farces, aux terrines, aux pâtés, à la crème glacée et aux pâtisseries.

QUEL EST LE RÔLE TECHNOLOGIQUE DES FRUITS À COQUE EN CUISINE ? PAR QUOI PEUT-ON REMPLACER LES FRUITS À COQUE ?

Les noix (fruits à coque) et les arachides sont utilisées en cuisine, soit pour leur aspect croquant, soit pour leur saveur et il existe plusieurs alternatives pour retrouver, soit la texture, soit la saveur apportée par les noix et les arachides.

Pour ajouter à une recette l'aspect croustillant des noix, elles peuvent être remplacées par des graines de tournesol grillées ou des graines de citrouille. Dans un gâteau, il suffit de remplacer la quantité de noix par des graines, comme dans une recette de brownie ou dans des muffins aux noix. Sous forme de copeaux, la noix de coco est un bon substitut aux amandes grillées, par exemple en décoration sur les glaçages des gâteaux. Des éclats de caramel peuvent aussi offrir du croquant.

Si c'est la saveur « fruit à coque » qui est recherchée dans la recette, on peut alors utiliser du beurre de tournesol, de soja ou du tahini (pâte de sésame), selon les recettes préparées. Par exemple, on peut ajouter un peu de beurre de tournesol dans la recette de pâte à tartiner ou du beurre de soja dans une préparation de poulet aux arachides, de plats asiatiques, etc.

Pour remplacer les noix en décoration dans les salades ou plateaux de fromage, on peut utiliser des châtaignes. Enfin, certaines recettes de fondants ou gâteaux au chocolat préconisent d'utiliser de la poudre d'amande dans la recette. Celle-ci peut être remplacée par de la farine de châtaigne [60].

CÉLERI

et produits à base de céleri

QU'EST-CE QUE LE CÉLERI ?

Le céleri, *Apium graveolens*, est une plante de la famille des Apiacées ou Ombellifères. Cette famille comporte également la carotte, le fenouil, l'aneth, le persil, l'anis, le cumin, la coriandre, le cerfeuil, etc. Trois formes de céleri sont couramment cultivées : le céleri-branche ou céleri à côtes (*A. g. dulce*), le céleri-rave (*A. g. rapaceum*), le céleri à couper ou petit céleri (*A. g. secalinum*).

PRÉVALENCE

L'allergie aux Apiacées est très peu fréquente chez le jeune enfant. L'allergie au céleri est l'une des allergies alimentaires les plus fréquentes dans de nombreux pays européens, tels que la Suisse, l'Allemagne et la France. Par ailleurs, environ 30 % des réactions anaphylactiques sévères aux aliments seraient attribuées au céleri, selon le passé allergique des patients.

QUELLE EST LA CAUSE DE L'ALLERGIE ?

Six allergènes ont été répertoriés dans le céleri ; Api g 1 et Api g 5 sont des allergènes majeurs. L'allergie au céleri est très souvent associée à la sensibilisation au pollen de bouleau et/ou d'armoise. En effet, la personne est d'abord sensibilisée *via* l'allergène majeur du pollen de bouleau dans les régions où cet arbre est commun (Europe centrale) ou *via* le pollen d'armoise dans le Sud de l'Europe. Il existe un risque d'allergies croisées avec d'autres légumes et épices de la famille des Apiacées. On parle maintenant de syndrome céleri-carotte-armoise-bouleau-épices.

Les patients allergiques au céleri peuvent réagir à des doses très faibles ; les données disponibles montrent que la dose la plus faible est de 0,7 g de céleri cru.

LES PROCÉDÉS TECHNOLOGIQUES INFLUENCENT L'ALLERGÉNICITÉ DU CÉLERI

Les réactions induites chez les patients sensibles sont différentes selon que le céleri est cru, cuit, entier, en poudre ou qu'il a subi des traitements tels que le chauffage au four à micro-ondes, le séchage, etc. Les réactions allergiques surviennent la plupart du temps avec le céleri cru. Néanmoins, la poudre de céleri semble aussi allergisante que le céleri cru.

DANS QUELLES PRÉPARATIONS COURANTES TROUVE-T-ON DU CÉLERI ? QUEL EST LE RÔLE TECHNOLOGIQUE DU CÉLERI EN CUISINE ?

Ce légume peut se retrouver dans les aliments sous diverses formes (poudre, graines de céleri, sel au céleri...).

Le céleri (rave et feuille) est utilisé en cuisine à la fois comme condiment et comme légume. Ses feuilles tendres, finement ciselées, peuvent servir à relever diverses préparations, notamment soupes et sauces. Les côtes du céleri-branche se consomment cuites, le plus souvent sautées, à la sauce blanche ou à la crème, ou bien en gratin (légume similaire aux côtes de blettes). Elles peuvent également se consommer crues, coupées finement, dans des salades (par exemple, avec des tomates). La racine du céleri-rave, à saveur un peu piquante, se consomme crue, râpée en rémoulade, ou cuite, par exemple en gratin, en soupe, en purée ou sautée. Les graines sont utilisées pour parfumer le poisson et le chou-fleur, et peuvent, infusées dans de l'eau-de-vie, donner une liqueur. Les côtes et les épluchures sont parfois ajoutées au bouquet garni. Le sel additionné d'extrait des fruits ou de graines de céleri, séchées et broyées, est un condiment connu sous le nom de « sel de céleri ». Cet assaisonnement peut remplacer le sel de table, parfumer les légumes frais, les soupes et surtout le jus de tomate ainsi que de nombreux cocktails.

PAR QUOI PEUT-ON REMPLACER LE CÉLERI ?

- **Rave – racine :** sous forme cuite, par un navet ; sous forme crue, par une betterave, un topinambour, une patate douce, un panais, une carotte, un navet, un rutabaga ou encore un choux-rave.
- **Feuilles :** par des blettes.
- **Céleri-branche :** par un bulbe de fenouil découpé en cossettes.
- **Graines :** par des graines de fenouil ou de l'aneth. L'huile essentielle de graine de céleri contient majoritairement du limonène mais aussi d'autres composés d'arôme comme le β-sélinène (16-17 %) (présent naturellement dans l'huile de livèche, odeur herbacée) ou le butylphthalide (présent dans l'huile de graines de carotte et de persil)[61].

MOUTARDE

et produits à base de moutarde

QU'EST-CE QUE LA MOUTARDE ?

La moutarde fait partie de la famille des *Brassicaceae* tout comme le radis, le rutabaga, divers choux, le brocoli, le navet, le cresson, le raifort, le colza. Il existe différentes variétés de moutarde mais quatre prédominent : la moutarde des champs (*Sinapis arvensis L.*), la moutarde noire (*Brassica nigra L.*), la moutarde blanche (ou jaune) (*Sinapis alba L.*) et la moutarde brune (*Brassica juncea L.*).

La moutarde est aussi le condiment préparé à partir des graines de cette plante. Ces graines sont petites, d'un diamètre approximatif de 1 mm. Leur coloration varie entre le blanc jaunâtre et le noir selon les espèces et participe à la teinte du condiment.

La moutarde blanche (*Sinapis alba*), ou sénevé, ou sanve, est une plante annuelle cultivée pour ses graines servant à la préparation de condiments. Les graines sont riches en lipides (environ 35 %) et produisent une huile à usage industriel ou alimentaire. Elles sont à la base de la préparation du condiment moutarde.

La moutarde brune, ou moutarde chinoise (*Brassica juncea*), est une plante bisannuelle, cultivée principalement pour ses graines servant à la préparation de condiments mais également pour ses feuilles et tiges dans différentes cuisines asiatiques. Cette moutarde est connue aussi sous les noms de chou faux jonc, moutarde de Sarepta, moutarde indienne.

LES GRAINES DE LA MOUTARDE BRUNE

Elles sont utilisées à la fabrication industrielle de condiments du type moutarde. Elles ont une saveur piquante, légèrement poivrée, et servent en mélange avec la moutarde noire à la fabrication de la moutarde de Dijon. Dans les cuisines chinoise, coréenne, indienne, japonaise et vietnamienne, les branches et feuilles sont utilisées comme légumes, généralement sautés. Dans la cuisine japonaise et coréenne, on utilise également les graines pour fabriquer la pâte de moutarde karashi (japonais) ou yeongyeoja (coréen). Les feuilles, à saveur piquante comme celle de la roquette, peuvent être consommées comme légume ou condiment.

La moutarde peut être cultivée dans de nombreux pays. Le Canada, qui assure 35 % de la production mondiale, domine le commerce international avec 50 % des exportations.

PRÉVALENCE

L'allergie à la moutarde concerne des enfants jeunes, souvent âgés de moins de 3 ans. Les voies de sensibilisation retenues sont *in utero*, par l'allaitement maternel ou par la consommation de moutarde contenue dans les plats préparés pour nourrissons [62].

QUELLE EST LA CAUSE DE L'ALLERGIE ?

À l'heure actuelle, quatre allergènes ont été découverts dans la moutarde blanche :

- **Sin a 1**, une albumine 2S (protéine de stockage), thermostable (la structure de la protéine n'est pas modifiée par la chaleur, donc son pouvoir allergène se maintient), résistante à la digestion par la trypsine et à la dégradation due à d'autres enzymes protéolytiques. Il s'agit d'un allergène majeur ;
- **Sin a 2**, une globuline 11S (protéine de stockage), considérée également comme allergène majeur ;

RÉACTIONS CROISÉES

Il est mentionné de rares réactions croisées entre la moutarde et d'autres *Brassicaceae*[1]. Il existe des réactions croisées avec les pollens d'armoise. On parle du syndrome moutarde-armoise. Plus de 50 % des patients allergiques à la moutarde sont hypersensibles au pollen d'armoise et à des aliments d'origine végétale, principalement les fruits de la famille des Rosacées (pêche...), mais aussi les fruits à coque (dont la noisette), les légumineuses (dont l'arachide) et le maïs. Les allergènes impliqués sont Sin a 3 et Sin a 4[40].

---

1 Cependant, Santé Canada recommande aux personnes allergiques à la moutarde d'éviter les autres *Brassicaceae*, les protéines de choux, de brocoli, de chou-fleur, de choux de Bruxelles, de radis, de navet, de colza et de raifort étant probablement de structures très proches.

- **Sin a 3**, de la famille des nsLTP (*Non-Specific Lipid Transfer Protein*, protéines de transfert des lipides non spécifiques), thermostable, résistante aux protéases digestives ;
- **Sin a 4**, une profiline sensible à la chaleur.

Dans la moutarde brune, l'allergène majeur est Bra j 1, une albumine 2S.

DANS QUELLES PRÉPARATIONS COURANTES TROUVE-T-ON DE LA MOUTARDE ?

Les Brassicacées sont des plantes riches en glucosinolates. Ces composés sont responsables par leurs produits de dégradation, à la fois de leur forte odeur de chou si caractéristique mais aussi de leur effet potentiellement protecteur à l'encontre des substances cancérigènes. Les graines de moutarde sont riches en mucilage et en lipides insaturés (acide érucique C22:1 – qui est présent à moins de 5 % en raison de sa toxicité à forte dose, acide oléique w9, acide linoléique w6). Le glucosinolate caractéristique de la moutarde noire est le sinigroside ou sinigrine (1 %) dont l'hydrolyse fournit de l'isothiocyanate d'allyle (responsable de la note piquante de la moutarde). Ce n'est que par le broyage des graines et la rupture des compartiments cellulaires qui en résulte que la sinigrine rentre en contact avec une enzyme, la myrosinase, et se dégrade en isothiocyanate d'allyle.

La moutarde est répandue dans plusieurs cuisines régionales et continentales. Sur l'ensemble des épices et condiments, la moutarde est le troisième produit le plus consommé dans le monde après le sel et le poivre. En Inde, les graines de moutarde sont souvent cuites entières pour donner une saveur particulière à l'huile. L'huile extraite des graines est utilisée pour la cuisine au Bengale. En France, le condiment connu sous le nom de moutarde est constitué des graines souvent réduites en farine et mélangées à du verjus (vinaigre salé).

L'huile de canola est fabriquée à partir de colza (*Brassica napus* et *Brassica rapa*) et de graines de moutarde (*Brassica juncea*). Le terme canola a été créé à partir de *CANadian Oil Low (erucic) Acid* (huile canadienne à faible teneur en acide érucique) et fait référence à la qualité de l'huile produite à partir de la graine plutôt qu'à une espèce particulière. Étant très raffinée, l'huile ne contient qu'une quantité négligeable de protéines. C'est pourquoi on ne considère pas que l'huile de canola que l'on trouve au Canada comporte des risques pour les gens allergiques à la moutarde [63]. En France, la dénomination utilisée est « huile de colza » et cette huile est produite uniquement avec du colza.

Les aliments et les produits qui contiennent fréquemment de la moutarde sont les condiments, les sauces pour salade (vinaigrettes et sauces à trempette pour crudités), les épices, aromatisants ou assaisonnements, les sauces chaudes (barbecue, cari, Cumberland, ketchup, sauces aux tomates, béarnaises, mayonnaises, pesto), les fonds et marinades, les caris et chutneys, les cornichons et autres légumes conservés dans le vinaigre, les mélanges déshydratés pour soupes, les viandes transformées (saucisses, salami, hamburgers, etc.).

QUEL EST LE RÔLE TECHNOLOGIQUE DE LA MOUTARDE EN CUISINE ?

La graine de moutarde entière est peu piquante mais elle contient des molécules de sinigrine et de myrosine (glucosinolates) qui réagissent sous l'effet du broyage et du mélange avec l'eau au cours de la préparation de la moutarde, et donnent de l'isothiocyanate d'allyle, molécule aromatique provoquant la sensation de « piquant ». Le goût du condiment préparé avec la graine sera différent en fonction du type de moutarde utilisé [64].

On peut faire revenir les graines à sec pour qu'elles dégagent leur saveur et les utiliser lors de la cuisson de légumes et de viandes, etc. Le sénevé est utilisé entier dans les marinades, curry, sauces, ragoûts mais également dans les conserves de cornichons. On peut en saupoudrer un petit peu sur les viandes rouges en fin de cuisson. Les graines relèveront alors subtilement votre viande et remplaceront la moutarde comme condiment [65].

La farine de moutarde peut être traitée par la chaleur pour détruire l'isothiocyanate d'allyle, très volatil. Cette farine désamérisée constitue un excellent émulsifiant en raison de sa teneur en protéines. Elle est utilisée dans l'industrie de transformation des viandes, notamment en charcuterie pour faciliter l'émulsification de la matière grasse. Elle sert également d'épaississant.

PAR QUOI PEUT-ON REMPLACER LA MOUTARDE ?

Le raifort (*Armoracia rusticana*) est une plante vivace de la famille des Brassicacées, cultivée pour sa racine à usage condimentaire. Noms communs : raifort sauvage, cranson, moutarde des Allemands, cran de Bretagne, radis de cheval, herbe aux cuillers, herbe au scorbut. La racine de raifort râpée est utilisée en condiment. Elle a une saveur très forte, piquante et poivrée, due à la présence de deux glucosinolates, la sinigrine et la gluconasturtiine. Contrairement à la moutarde, l'effet piquant disparaît entre chaque bouchée.

OÙ LE RAIFORT EST-IL UTILISÉ ?

En Allemagne et en Alsace ainsi que dans de nombreux **pays d'Europe centrale et orientale** (pays germaniques, Russie, Pologne, Roumanie, Hongrie...) pour relever les sauces et les viandes.

En Angleterre, une sauce faite de raifort râpé, vinaigre, moutarde et crème liquide accompagne le rosbif. **Aux États-Unis,** sa culture et ses usages sont importants, notamment dans les fast-foods.

Le raifort est souvent utilisé dans la **cuisine italienne**. Dans le nord de l'Italie, il est utilisé pour la préparation du ragoût de bœuf « *bollito misto* » tandis que dans le sud du pays, précisément en Basilicate, il est l'élément essentiel d'une omelette appelée « *rafanata* ».

Le raifort figure fréquemment sur les **tables juives** lors du Séder, pour la fête de Pessa'h. Le chrain, une sauce rouge faite de raifort et de betterave rouge, est préparé pour accompagner le *gefilte fisch*, des boulettes de poissons préparées pour le shabbat. La racine de raifort a des propriétés dépuratives, digestives, rubéfiantes et stimulantes ; elle est surtout très riche en vitamine C.

Le wasabi (*Eutrema japonicum*) est une espèce de plantes de la famille des Brassicacées que l'on trouve en Asie. Cette espèce est originaire du Japon ; elle est très proche du raifort et la racine est utilisée sous forme de pâte comme condiment dans la cuisine japonaise. Par extension, le terme wasabi désigne en français aussi bien la plante que le condiment. En raison de son extrême rareté et donc de son prix, on utilise à la place de wasabi du raifort, réduit en poudre et coloré artificiellement en vert, pour fabriquer un ersatz de wasabi. Ce produit est en vente dans les supermarchés asiatiques ou servi dans la plupart des restaurants japonais, y compris au Japon.

La racine de wasabi est riche en isothiocyanates et sinigrine. Lors de la préparation, le broyage crée la réaction enzymatique lui donnant sa saveur typique, âcre. Cette saveur est apportée par l'isothiocyanate de 6-méthylhexyle, l'isothiocyanate de 7-méthylheptyle et l'isothiocyanate de 8-méthylthiooctyle. Si l'effet est très proche de celui de la moutarde, le goût et le parfum en sont plutôt éloignés.

Le raifort est beaucoup plus doux que le wasabi, et ne peut donc être confondu. Le meilleur wasabi se trouve plus classiquement en racine fraîche, que l'on râpe.

OÙ LE WASABI EST-IL UTILISÉ ?

Pour relever les nigirizushi (le cuisinier en place une petite noix entre le riz et le poisson) et les sashimis (plat japonais de poisson cru). À l'origine, il était utilisé en cuisine pour ses propriétés antibactériennes. De façon générale, il agrémente les plats de poisson ou de viande. On trouve également, sous le nom de *Wasabi Peas*, des cacahuètes, des pois de soja vert ou des petits pois grillés et enduits d'une pâte à base de wasabi et d'origine thaïlandaise. Les Japonais le font également avec du soja vert. Au Japon, différentes pâtisseries et sucreries (bonbons) sont également parfumées au wasabi.

Il n'y a actuellement pas d'allergène répertorié dans la base des allergènes pour le raifort, ni pour le wasabi. Mais, par principe de précaution, on peut essayer de **donner une note piquante autrement qu'à l'aide de Brassicacées**. On peut utiliser le gingembre dont le principe piquant est le shogaol, le poivre dont le principe piquant est la pipérine, ou du piment rouge dont le principe piquant est la capsaïne. Capsaïne, pipérine, shogaol et isothiocyanate d'allyle n'apportent pas la même intensité piquante et il est bon d'adapter la dose. Il existe une échelle d'intensité piquante, l'échelle de Scoville [66, 67] (basée sur la teneur en capsaïne), qui permet de classer les condiments ou les molécules piquantes selon leur intensité. Entre 700 et 3 000 SHU (*Scoville Heat Unit* = unité de brûlant de Scoville), le condiment est peu piquant ; entre 3 000 et 25 000 SHU, il est modérément piquant ; de 25 000 à 70 000 il est très piquant ; et au-delà de 80 000 SHU, il est ultra piquant. D'un piment à l'autre, il existe de très grandes variations d'intensité piquante – de 360 à

9 700 SHU, en fonction de la teneur en capsaïne [68]. De même, en fonction de sa teneur en shogaol, une poudre de gingembre peut varier en intensité piquante de 21 000 à 38 000 SHU [69].

Les chilis indiens sont dosés à 35 000 SHU, les plats pakistanais à 35 000 SHU et certains plats chinois jusqu'à 80 000 SHU. Pour l'isothiocyanate d'allyl de la moutarde, il n'existe pas d'échelle équivalente. Il est donc très difficile de comparer la moutarde avec les autres condiments sur le plan de l'intensité piquante. Moutarde, raifort et wasabi « piquent le nez », alors que les piments « brûlent la bouche ».

GRAINES DE SÉSAME

et produits à base de graines de sésame

QU'EST-CE QUE LE SÉSAME ?

Le sésame est une plante oléagineuse faisant partie des *Pedaliaceae.* Il en existe différentes variétés : la plupart sont sauvages. C'est une plante que l'on retrouve sur tous les continents. *Sesamum indicum L.* est la variété cultivable qui prédomine largement dans le monde. L'ovaire contient des graines de couleur noire, jaune ou rouge destinées à la consommation[70].

PRÉVALENCE

La fréquence et la gravité de cette allergie confèrent au sésame le statut de « cacahuète du Moyen-Orient ». Par exemple, chez l'enfant israélien, le sésame est la troisième cause d'allergie alimentaire après l'œuf et le lait et la deuxième cause d'anaphylaxie alimentaire après le lait. La prévalence de cette allergie augmente avec la diversification alimentaire précoce à base de sésame. En effet, dans certains pays, les aliments contenant du sésame sont souvent recommandés aux nourrissons en raison de leur richesse en protéines et en fer, même si le fer végétal est très faiblement assimilé. Le sésame est distribué préférentiellement en Israël et en Australie. Cette sensibilisation au sésame est souvent associée à une sensibilisation à l'arachide dans 84,3 % des cas et aux fruits à coque (amande, noix du Brésil, noix de cajou, noisette et noix) dans 55,3 % des cas[70].

QUELLE EST LA CAUSE DE L'ALLERGIE ?

À ce jour, sept allergènes ont été répertoriés officiellement dans la graine de sésame et sont repris dans le tableau suivant.

Allergènes du sésame et allergies croisées

Allergène	Famille	Fonction	Allergénicité	Allergies croisées[70]
Ses i 1	Albumine 2S	Protéine de défense anti-infectieuse	Allergène majeur ; thermostable, résistant à la digestion par la trypsine et à la dégradation due aux enzymes protéolytiques	Homologie structurale de 47 % avec l'allergène de la noix du Brésil Ber e 1 Homologie structurale avec d'autres allergènes tels que Sina 1 de la moutarde jaune, Braj 1 de la moutarde orientale ainsi que les allergènes majeurs de la noix Jug r 1, de la noix du Brésil Ber e 1, de l'arachide Ara h 2
Ses i 2	Albumine 2S	Protéine de stockage	Allergène majeur	Homologie de 40 % avec l'allergène majeur de la noix Jug r 1, de la noix du Brésil Ber e 1 et de l'arachide Ara h 1

Allergène	Famille	Fonction	Allergénicité	Allergies croisées [70]
Ses i 3	Viciline 7S	Protéine de stockage	Allergène majeur	Homologie de 54 % avec Ara h 1 (arachide) et de 68 % avec Jur r 2 (noix)
Ses i 4	Oléosine	Protéine de stockage des lipides	Allergène majeur	
Ses i 5	Oléosine	Protéine de stockage des lipides	Allergène majeur	
Ses i 6	Globuline 11S	Protéine de stockage	Allergène mineur	
Ses i 7	Globuline 11S	Protéine de stockage	Allergène mineur	

L'huile de sésame peut également provoquer des réactions allergiques : en effet, il existe sur le marché très peu d'huiles de sésame suffisamment raffinées pour que les protéines qui déclenchent les réactions allergiques aient été enlevées [40].

RÉACTIONS CROISÉES

Des réactions croisées existent entre le sésame et l'arachide. La noisette, la noix, la graine de pavot, le riz, le kiwi, les graminées, le soja et le latex pourraient également être responsables de réactions croisées avec le sésame.

Plusieurs symptômes sont rencontrés en cas d'allergie au sésame, autant chez les enfants que chez les adultes. Leur apparition peut se faire suite à un contact avec le sésame (cutané ou respiratoire) ou suite à son ingestion.

DANS QUELLES PRÉPARATIONS COURANTES TROUVE-T-ON DU SÉSAME ?

La graine de sésame est une source de glucides, d'acides gras insaturés et de protéines. C'est aussi une source de fer, de calcium, de phosphore ainsi que de vitamines A et du groupe B. Le sésame contient 40 à 50 % d'huile. L'huile de sésame à usage alimentaire est obtenue de façon artisanale par pressage à froid des graines grillées ou non. Cette huile non raffinée est potentiellement riche en allergènes.

QUELQUES ALIMENTS CONTENANT FRÉQUEMMENT DU SÉSAME [71]

- ✓ Pain (par exemple pains à hamburger, pains multigrains), chapelure et gressins, céréales, craquelins, biscottes et müesli.
- ✓ Produits tartinables, par exemple houmous et chutney.
- ✓ Aliments ethniques, par exemple riz aromatisés, nouilles, chiche-kebab, ragoûts et sautés.
- ✓ Huile de sésame, sel de sésame (gomasio).
- ✓ Tahin, tahini ou tahina (pâte à base de graines de sésame).
- ✓ Tempeh (originaire d'Indonésie).
- ✓ Hamburgers végétariens.
- ✓ Gomashio ou gomasio (condiment japonais à base de sel et de sésame grillé concassé).

En alimentation humaine, le sésame est recommandé en cas de maladie cœliaque à cause de l'absence de gluten et de sa richesse nutritionnelle [70].

Le sésame est utilisé en boulangerie, dans les pâtisseries du Moyen-Orient, dans la cuisine exotique et de plus en plus dans les plats végétariens. On le consomme sous forme de graines, ou on en prépare une pâte, appelée tahini ou tahin, ou encore on en extrait une huile.

QUEL EST LE RÔLE TECHNOLOGIQUE DU SÉSAME EN CUISINE ?

En fonction de l'origine et du traitement des grains de sésame, on distingue cinq variétés de graines. Les graines de sésame sont commercialisées entières ou décortiquées, crues ou rôties. Le sésame se consomme en graines, en huile ou en purée.

L'huile de sésame possède une riche couleur ambrée et un délicieux goût de noisette. Elle est excellente en assaisonnement, surtout si elle contient quelques graines de sésame entières. Crues ou rôties, les graines de sésame sont broyées et transformées en pâte plus ou moins liquide. Lorsqu'elle est épaisse, on obtient le beurre de sésame qui se tartine comme le beurre d'arachide. Lorsqu'elle est coulante, c'est le tahini (condiment utilisé au Moyen-Orient et en Asie). Pour produire l'huile de sésame, il existe deux procédés : soit les graines sont grillées (l'huile est foncée, le parfum prononcé ressemble alors un peu à celui de l'huile de noix) ; soit les graines ne sont pas grillées (l'huile est très claire, inodore et au goût de sésame). Les graines de sésame peuvent être utilisées pour décorer des pains ou des gâteaux, mais aussi des brochettes de poisson ou de viande poêlées.

PAR QUOI PEUT-ON REMPLACER LE SÉSAME ?

On peut utiliser différentes graines de plantes oléoprotéagineuses comme le pavot, le tournesol, le lin ; ou encore les graines de courges. On peut les utiliser telles quelles pour un effet décoratif des plats, mais pour profiter pleinement de leurs qualités nutritionnelles (richesse en acides gras insaturés, protéines, minéraux, vitamines...), il convient de les consommer broyées à l'état de farine, de purée ou de crème. De plus, légèrement grillées, elles apporteront plus de goût[72].

Valeur nutritionnelle moyenne pour 100 g de graines

Graine	Sésame	Pavot	Tournesol	Lin	Courge	Chanvre
Valeur énergétique (kcal)	565	477	642	625	633	526
Protéines(g)	20,9	23,8	20,2	19,8	29,84	24,8
Lipides (g)						
Totaux	50,4	42,2	52,7	41,6	49,05	35,5
Saturés	7,55	4,85	5,91	3,66	8,54	2,49
Oméga-3	0,67	0,42	0,06	7,48	0,11	8,52
Oméga-6	18,7	30,7	33,8	6,42	19,59	21,3
Oméga-9	19,9	4,47	10,2	23,14	15,63	3,2
Minéraux & Oligo-éléments (mg)						
Calcium	783	1460	94	334	52	145
Fer	10	9,5	5	5	8	14
Magnésium	347	333	364	366	550	483
Phosphore	607	854	477	642	1174	1160
Potassium	458	705	622	831	788	859
Sodium	45	21	5	28	18	12
Vitamines (mg)						
B1	0,79	0,860	1,98	1,64	0,07	0,40

Graine	Sésame	Pavot	Tournesol	Lin	Courge	Chanvre
B2	0,25	0,170	1,161	0,16	0,15	0,10
B3	4,5	0,990	4,8	3,08	4,43	
B6	0,79	0,440	1,24	0,47	0,1	
K	0,002			0,0043	0,0045	

Les **graines de pavot** proviennent de la plante cultivée *Papaver somniferum.* La graine de pavot est une graine oléagineuse de couleur bleue à noire suivant les variétés. Les graines de pavot sont riches en minéraux tels que l'iode, le magnésium, le manganèse, le cuivre et le zinc. On en extrait de l'huile alimentaire qui contient environ 73 % d'acide linoléique, 10 % d'acide palmitique, et 13 % d'acide oléique. En Europe et en Turquie, les graines de pavot sont majoritairement utilisées pour la confiserie et la pâtisserie, tout comme les grains de sésame. Elles sont très répandues dans les produits de panification[73].

Dans la cuisine des pays de l'Est (en Pologne, en Autriche et en Hongrie), le pavot est très employé en pâtisserie, à l'image des graines de lin et de sésame. Les graines peuvent être transformées en pâte qui servira à garnir l'intérieur des gâteaux ; saupoudrées sur les pâtisseries et les pains pour donner un léger goût de noisette ; être ajoutées à toutes sortes de plats contenant des légumes ou des féculents[74].

Ses graines ont un goût de noisette qui s'amplifie lors de la cuisson. On s'en sert comme céréale pour aromatiser les pains, ainsi que pour les légumes, pâtes alimentaires, salades de pommes de terre, purées, le chou cru, les fromages, marinades… Moulues, les graines ont un pouvoir épaississant.

Elles ont une saveur délicate de noisette ou de pignon et corsent les préparations d'un goût âcre selon leur proportion. Les graines blanches ne se montrent pas aussi gustatives mais servent de liant dans la préparation des poudres de carry.

À PROPOS DU PAVOT

Le pavot était nommé chanotte dans la région de Toul. Les cuisinières faisaient la quiche au pavot : après avoir écrasé les graines, on les incorporait à la « migaine » (terme lorrain qui correspond à un mélange d'œuf et de lait ou crème battue). En raison de leurs vertus apaisantes, les jeunes mamans mettaient également des graines de chanotte dans le biberon des enfants afin de les calmer.

Toutefois, les principes actifs narcotiques de l'opium (morphine, thébaïne, codéine) sont présents uniquement à l'état de traces dans les graines de pavot bleu (contrairement aux pavots de la pharmacopée) et n'ont pas d'incidence dans son usage alimentaire.

Il n'existe pas d'allergie connue ni de contre-indication à la consommation des graines de pavot[75].

ANHYDRIDE SULFUREUX ET SULFITES

en concentration de plus de 10 mg/kg ou 10 mg/l (exprimés en SO_2)

PRÉVALENCE

L'intolérance aux sulfites est souvent associée à l'intolérance aux vins, en particulier, blancs et vins de Champagne qui en contiennent. Les symptômes que développent les patients intolérants apparaissent rapidement après consommation du produit. Cela se manifeste par un écoulement nasal, des éternuements, des démangeaisons, de l'urticaire, des douleurs abdominales pouvant aller jusqu'à des manifestations plus sévères incluant une crise d'asthme. Les sulfites peuvent également provoquer des maux de tête. L'intolérance aux sulfites ne pose, en général, pas de problème grave, sauf pour certains patients particulièrement sensibles à l'effet « toxique » des composés chimiques. C'est le cas des patients porteurs d'un asthme et ceux porteurs du syndrome de Fernand Widal (polypose nasale, asthme, intolérance à l'aspirine). Une partie des asthmatiques a des difficultés à respirer immédiatement après la consommation de sulfites. Les risques de réaction aux sulfites sont également importants pour les personnes allergiques à l'aspirine. Les personnes sensibles à l'effet pro-inflammatoire des sulfites doivent donc les éviter [76].

QU'EST-CE QUE LES SULFITES ?

Les sulfites sont des composants chimiques contenant l'ion sulfite SO_3^{2-}. Ce sont des substances qui existent dans la nature notamment dans les aliments fermentés et comme polluants atmosphériques (SO_2, H_2SO_3). On ne les trouve pas naturellement dans les aliments non fermentés.

Ils sont utilisés par l'homme comme conservateurs, ajoutés dans certains aliments pour leurs propriétés antioxydantes et dans certains médicaments pour leurs propriétés antiseptiques. Ils étaient utilisés dès l'époque romaine pour conserver le vin. Brûler une bande de soufre dans un fût pour le désinfecter revient à ajouter du sulfite : soufre + oxygène $\rightarrow SO_2$.

LES SULFITES : CODE ET NORMES

Les codes européens relatifs aux sulfites sont majoritairement ceux de la classe des conservateurs mais ils sont également utilisés pour leurs propriétés antioxydantes.

E220 Le dioxyde de soufre, autrefois également appelé anhydride sulfureux, est un composé chimique de formule SO_2. Le dioxyde de soufre dissous dans l'eau est en équilibre avec différentes formes chimiques : $H_2O + SO_2 \rightarrow H_2SO_3$ (acide sulfureux) ; HSO_3^- (bisulfite ou hydrogénosulfite) ; SO_3^{2-} (ion sulfite). Il est utilisé comme désinfectant, antiseptique, antibactérien, gaz réfrigérant, agent de blanchiment et comme conservateur de produits alimentaires, notamment pour les fruits secs, dans la production de boissons alcoolisées et dans la fabrication du vin. Dans le vin, selon la dose, le dioxyde de soufre inhibe ou arrête le développement des levures et des bactéries, ce qui peut être mis à profit pour le mutage des vins moelleux ou liquoreux, ou simplement pour assurer la conservation du vin. Lors de la vinification, l'introduction de dioxyde de soufre permet de sélectionner les levures du genre *Saccharomyces cerevisiae* qui sont plus résistantes au dioxyde de soufre que les autres levures.

E221 Le sulfite de sodium est un sel de formule brute Na_2SO_3 (2 Na^+ ; SO_3^{2-}) utilisé comme agent de conservation pour ses propriétés réductrices. Le sulfite de sodium est un additif alimentaire de la classe des antioxydants. Il est considéré comme l'inhibiteur le plus efficace contre la détérioration des fruits secs.

E222 Le bisulfite de sodium ou hydrogénosulfite de sodium est un sel de formule brute $NaHSO_3$.

E223 Le métabisulfite de sodium ou pyrosulfite de sodium est un désinfectant, antioxydant et conservateur alimentaire jaunâtre. Lorsqu'il est mélangé avec de l'eau, le métabisulfite de sodium libère du dioxyde de soufre.

E224 Le métabisulfite de potassium, ou pyrosulfite de potassium, est un composé chimique de formule $K_2S_2O_5$. Il se présente sous la forme d'une poudre blanche cristallisée, soluble dans l'eau, à faible odeur de dioxyde de soufre.

E225 Disulfite de calcium, pyrosulfite de calcium, ou métasulfite.

E226 Sulfite de calcium.

E227 Sulfite acide de calcium, bisulfite de calcium.

E228 Sulfite acide de potassium, bisulfite de potassium.

E 539 Thiosulfate de sodium.

La Norme générale Codex pour les additifs alimentaires (NGAA, Codex STAN 192-1995) stipule les conditions dans lesquelles des additifs alimentaires autorisés peuvent être utilisés dans tous les aliments, qu'ils fassent ou non déjà l'objet d'une norme Codex. Cette base de données contient, sous une forme consultable, toutes les dispositions relatives à des additifs alimentaires adoptées par la Commission du Codex Alimentarius. Pour les sulfites E220, 221, 222, 223, 224, 225, 227, 228 et 539, cette base de données indique les concentrations maximales autorisées dans diverses catégories d'aliments.

Concentrations maximales en sulfites autorisées dans diverses catégories d'aliments (Codex Alimentarius)

Catégorie de denrées alimentaires	Concentration maximale (mg/kg)
Fruits frais traités en surface	30
Fruits surgelés	500
Fruits secs	1 000
Fruits conservés au vinaigre, à l'huile ou en saumure	100
Confitures, gelées et marmelades	100
Fruits confits	100
Préparations à base de fruits, incluant pulpes, coulis, nappages à base de fruits et lait de coco	100
Desserts à base de fruits, incluant les desserts à base d'eau aromatisée aux fruits	100
Produits à base de fruits fermentés	100
Garnitures à base de fruits utilisées en pâtisserie	100
Légumes frais épluchés, coupés ou émincés (incluant champignons, racines et tubercules, légumes secs et légumineuses et aloé vera), algues marines, fruits à coque et graines	50
Légumes surgelés (incluant champignons, racines et tubercules, légumes secs et légumineuses et aloé vera), algues marines, fruits à coque et graines	50
Légumes séchés (incluant champignons, racines et tubercules, légumes secs et légumineuses et aloé vera), algues marines, fruits à coque et graines	500
Légumes conservés au vinaigre, à l'huile, en saumure ou à la sauce de soja (y compris champignons, racines et tubercules, légumes secs et légumineuses, aloès ordinaire), algues marines	100

Catégorie de denrées alimentaires	Concentration maximale (mg/kg)
Légumes en conserve ou en bocal (pasteurisés) ou en conserve souple (incluant champignons, racines et tubercules, légumes secs et légumineuses et aloé vera) et algues marines	50
Purées et produits à tartiner à base de légumes (incluant champignons, racines et tubercules, légumes secs et légumineuses et aloé vera), d'algues marines, de fruits à coque et de graines (comme le beurre de cacahuètes)	500
Pulpes et préparations à base de légumes (incluant champignons, racines et tubercules, légumes secs et légumineuses et aloé vera), d'algues marines, de fruits à coque et de graines autres que desserts et sauces à base de légumes, légumes confits	300
Produits à base de légumes fermentés (y compris champignons, racines et tubercules, légumes secs et légumineuses, aloès ordinaire) et d'algues marines, à l'exclusion de certains produits à base de soja fermenté	500
Farines	200
Amidons	50
Pâtes et nouilles précuites et produits similaires	20
Produits et préparations de boulangerie fine (sucrés, salés, épicés)	50
Mollusques, crustacés et échinodermes frais	100
Poisson, filets de poissons et produits de la pêche surgelés, incluant mollusques, crustacés et échinodermes	100
Mollusques et crustacés et échinodermes cuits	150
Poisson et produits de la pêche, fumés, séchés, fermentés et/ou salés, incluant mollusques, crustacés et échinodermes	30
Poisson et produits de la pêche en conserve, incluant les produits fermentés ou en boîte, incluant mollusques, crustacés et échinodermes	150

Catégorie de denrées alimentaires	Concentration maximale (mg/kg)
Sucre blanc, dextrose anhydre, monohydrate de dextrose, fructose	15
Sucre en poudre, dextrose en poudre	15
« Sucre blanc doux », « cassonade douce », sirop de glucose, sirop de glucose déshydraté, sucre de canne brut	20
Sucre blanc de plantation ou d'usine	70
Cassonade à l'exception des produits de la catégorie 11.1.3[1]	40
Solutions et sirops de sucre, aussi (partiellement) invertis, incluant les mélasses, à l'exception des produits de la catégorie 11.1.3[1]	70
Autres sucres et sirops (par ex., xylose, sirop d'érable, nappages à base de sucre)	40
Fines herbes et épices	150
Assaisonnements et condiments	200
Vinaigres	100
Moutardes	250
Sauces et produits similaires	300
Jus de fruits	50
Jus de légumes	50
Concentrés pour jus de fruits	50
Concentrés pour jus de légumes	50
Nectar de fruits	50
Nectar de légumes	50
Concentrés pour nectar de fruits	50

1 Sucre blanc en poudre, sucre roux en poudre, sirop de glucose, sirop de glucose sec, sucre de canne brut.

Catégorie de denrées alimentaires	Concentration maximale (mg/kg)
Concentrés pour nectar de légumes	50
Boissons à base d'eau aromatisée, incluant les boissons pour sportifs et les boissons « énergétiques » ou « électrolytes », et les boissons concentrées	70
Bière et boissons maltées	50
Cidre et poiré	200
Vins	350
Vins (produits à l'aide d'autres fruits que le raisin)	200
Hydromel	200
Spiritueux contenant plus de 15 pour cent d'alcool	200
Boissons alcoolisées aromatisées (par ex. boissons rafraîchissantes dérivées de bière, de vin et de spiritueux, rafraîchissements à faible teneur en alcool)	250
Amuse-gueule à base de pommes de terre, de céréales, de farine ou d'amidon (extraits de racines et de tubercules, de légumes secs et de légumineuses)	50

QUELLE EST LA CAUSE DE L'INTOLÉRANCE ?

L'intolérance aux sulfites n'est pas une allergie sur le plan immunologique puisque les réactions cliniques et les symptômes déclenchés lors de la prise de composés (aliments, médicaments, aérosols) contenant des sulfites ne sont pas dus aux anticorps ou aux lymphocytes T spécifiques. L'intolérance aux sulfites est une réaction inflammatoire due à l'activation de l'immunité innée à la suite de l'exposition des cellules aux composés chimiques que sont les sulfites. L'intolérance aux sulfites n'a pas de particularité par rapport à l'intolérance à n'importe quel produit chimique, qu'il soit respiré, ingéré ou appliqué sur la peau.

DANS QUELLES PRÉPARATIONS COURANTES TROUVE-T-ON DES SULFITES ? QUEL EST LE RÔLE TECHNOLOGIQUE DES SULFITES EN CUISINE ?

Les sulfites ont des propriétés antioxydantes et antibactériennes. Ils sont pour cela utilisés en tant que conservateurs dans les vins, dans certains aliments (pommes de terre séchées, fruits secs, cornichons en bocaux) pour empêcher l'oxydation.

Aliments et produits qui contiennent ou peuvent contenir des sulfites [77]

Teneur de 10 à 50 mg/kg ou /L	Teneur de 50 à 100 mg/kg ou /L	Teneur > 100 mg/kg ou /L
Légumes blancs en conserve (salsifis, asperges, endives)	Pommes de terre déshydratées	Fruits séchés (pruneaux, raisins secs, abricots secs...)
Pectine et confitures et gelées avec pectine	Fruits confits ou au sirop	Jus de raisin et raisin de table
Crevettes fraîches	Vinaigre de vin	Jus de citron et citron vert
Sirop de glucose de maïs, amidon de maïs	Sauces au vin	Vin (rouge, blanc, champagne, blanc pétillant, mousseux rosé)
Poivrons marinés		Choucroute
Cornichons, légumes conservés dans le vinaigre		Oignons en conserve
Pommes de terre sous vide et surgelées		
Sirop d'érable		
Champignons		
Légumes secs blancs (haricot blanc, pois chiches)		

CAS PARTICULIER DES VINS

La production conventionnelle de vin a recours aux sulfites. Il n'existe que peu de vins totalement sans « sulfites ajoutés ». (À noter que les levures présentes sur le raisin et dans le vin produisent toujours de manière naturelle de petites quantités de sulfites.) Les sulfites sont donc présents naturellement dans presque tous les vins. Cet additif alimentaire permet d'éviter l'oxydation du vin et, dans le cas du vin blanc, son brunissement, agit comme antiseptique contre le développement de micro-organismes nuisibles et permet de stopper la fermentation. D'une manière générale, il permet une plus longue conservation du vin. Ces conservateurs sont présents en quantité plus importante dans les vins blancs, rosés, et champagne, moins dans les vins rouges. Les vins élaborés à partir de raisins cultivés en agriculture biologique contiennent aussi des sulfites mais en plus faibles quantités. En France, les bouteilles étiquetées à partir du 25/11/2005 doivent mentionner la présence de sulfites si la teneur en sulfites est supérieure à 10 mg/litre [77].

COMMENT ÉVITER LES SULFITES ? PAR QUOI PEUT-ON REMPLACER LES SULFITES ?

Pour le cuisinier, éviter les sulfites revient à sélectionner soigneusement ses matières premières et produits semi-transformés.

Des solutions technologiques existent pour supprimer ou réduire l'utilisation des sulfites.

Dans le cas du vin, il existe des procédés et des produits œnologiques qui peuvent remplacer ou compléter l'utilisation des sulfites, et conduire à réduire les doses d'emploi.

Exemple de produits de remplacement du SO_2

- Gaz inertes. En ce qui concerne l'oxydation du vin, on peut préconiser l'emploi de gaz inertes (azote, gaz carbonique et argon) et la limitation des surfaces de contact avec l'air. Même si cette méthode protège efficacement contre l'oxydation il n'en est rien contre les micro-organismes. En outre, la conservation sous gaz inerte, selon la nature de celui-ci, n'est pas sans incidence sur la quantité de CO_2 naturellement présente dans le vin et par conséquent une modification possible de certains caractères organoleptiques.
- Acide ascorbique. Plus couramment appelé vitamine C, l'acide ascorbique possède un caractère réducteur et son emploi ne soulève aucune objection d'ordre hygiénique. Il permet de prévenir la casse ferrique provoquée exclusivement par les ions Fe^{3+} qui seront réduits en ions ferreux. Cependant, en présence d'O_2, l'oxydation de l'acide ascorbique (réaction rapide) conduit à la formation d'eau oxygénée, oxydant puissant qui peut provoquer une altération profonde du vin. Il ne peut donc se substituer totalement au SO_2, mais permet d'en réduire l'usage. Il permet également d'éviter, sinon de limiter, l'action de certaines enzymes.
- Acides gras à chaîne courte. Les acides octanoïque et décanoïque ou acides gras à chaînes courtes (en C8, acide caprylique, et C10, acide caprique) possèdent une action anti-levurienne importante. Ce sont des produits secondaires de la fermentation, produits par la levure elle-même au cours de sa croissance et perturbant la perméabilité membranaire des levures. Compte tenu du pouvoir odorant de ces acides et de leurs esters, il est

important d'en contrôler l'effet organoleptique après une telle addition. Sachant qu'une grande partie est fixée par les levures et par conséquent éliminée après clarification, il en résulte, à la condition de ne pas dépasser 10 mg/l, une faible incidence sur le vin, voire même des effets positifs.

- **Acide sorbique.** Cette molécule possède une activité antifongique, qui varie en fonction de l'acidité, du degré alcoolique et de la souche de levure. Ce pouvoir, insuffisant pour interrompre une fermentation très active, parvient en revanche à arrêter celle-ci lorsqu'elle est presque achevée, et que la population de levures est faible. Il permet un contrôle durable des problèmes de refermentation que l'on peut rencontrer sur les vins qui conservent des sucres résiduels.
- **Lysozyme.** C'est une enzyme susceptible de détruire les bactéries de type « Gram+ », telles que les bactéries lactiques, et ce, à faible dose, en conduisant à leur lyse tout en ne présentant aucune toxicité humaine. La destruction est importante en 24 heures, en revanche, ce produit est sans action sur les bactéries acétiques.

Procédés destinés à limiter voire à éviter l'utilisation du SO_2

- **Pasteurisation.** La destruction des germes microbiens par la chaleur est connue depuis longtemps. Elle est surtout utilisée pour assurer la stabilité des vins rouges et des vins blancs doux. Les conditions de chauffage nécessaires à la stabilisation du vin sont faciles à satisfaire sans en compromettre la qualité. En revanche, la manipulation et la conservation des vins dans des conditions de stérilité satisfaisante soulèvent de nombreuses difficultés. Dans la pratique, on admet que la stabilité du vin est satisfaisante si la population de levures viables est inférieure à 1 cellule/ml.
- **Filtration stérilisante.** Cette méthode a pour objectif de retenir les micro-organismes, afin d'en réduire significativement la

charge dans le vin. Cette opération se déroule à la fin de l'élevage, avant ou après le collage, juste avant la mise en bouteilles, ou pendant la fermentation pour le mutage des vins doux. La difficulté réside dans le fait qu'il faille trouver un compromis entre l'élimination des particules indésirables et la conservation des macromolécules qui contribuent à la richesse du vin (tanins, polyphénols, polysaccharides...). Si elle est trop agressive ou mal réalisée, la filtration stérilisante dégrade l'élégance, la noblesse, la richesse et la complexité du vin.

- **Centrifugation.** Cette méthode repose sur le principe d'une accélération appliquée à un mouvement de rotation. Elle permet d'éliminer rapidement une grande partie des particules et des micro-organismes en suspension. Les difficultés auxquelles nous sommes confrontés sont les mêmes que pour la filtration, à savoir l'appauvrissement du vin d'un point de vue organoleptique.

Dans tous les cas, que la conduite de la vinification soit sans sulfites ou avec des quantités limitées, il est indispensable d'employer des raisins irréprochables sur le plan sanitaire et de maintenir un contrôle très strict de l'hygiène tout au long du processus de vinification. Enfin, il faut choisir les bons matériaux de vinification et d'élevage du vin et les entretenir minutieusement[78].

COMMENT ÉVITER LES SULFITES DANS LES ALIMENTS ?

La **moutarde sans sulfite** existe. Elle est brune au lieu d'être jaune.

Il existe des abricots secs sans sulfite dans certains magasins « bio ». Cela se voit immédiatement. En effet, ces abricots ne sont pas orange mais plutôt bruns. Les bananes séchées sans sulfite sont très sombres également. Néanmoins, on peut trouver désormais des **fruits secs sans sulfite** mais de belle couleur car ensachés sous atmosphère modifiée. La réaction qui fait brunir les fruits à la découpe et au séchage est naturelle. Ce sont certaines enzymes – les polyphénol-oxydases – contenues dans les fruits qui, en présence d'oxygène, catalysent la polymérisation des phénols contenus dans les fruits et permettent la formation de polyphénols qui sont des composés de couleur brune. Les sulfites réagissent sur les phénols et peut-être aussi sur les enzymes et bloquent cette réaction naturelle. Une acidification peut aussi permettre de bloquer cette réaction : c'est ce que l'on fait en ajoutant du jus de citron dans des pommes ou de l'avocat coupé. Si on peut découper les fruits dans une atmosphère privée d'oxygène et les emballer dans un sachet en absence d'oxygène, on peut également empêcher la réaction de brunissement et éviter l'usage des sulfites.

La choucroute contient également beaucoup de sulfites et il est difficile d'en trouver sans sulfites ajoutés. On pourrait imaginer de cuire la choucroute en ajoutant du jus de citron. En acidifiant le milieu, on pourrait favoriser la formation de dioxyde de soufre qui est un gaz et qui s'échapperait à la cuisson : $SO_3^{2-} \rightleftarrows HSO^{3-} \rightleftarrows SO_2 + H_2O$. Mais, le déplacement total de l'équilibre est difficile à atteindre. Il faudrait pour cela acidifier fortement. On peut imaginer de rétablir le niveau d'acidité en fin de cuisson en ajoutant du bicarbonate.

LUPIN

et produits à base de lupin

QU'EST-CE QUE LE LUPIN ?

Les lupins sont des plantes appartenant à la famille des Légumineuses. Il existe plus de 450 espèces de lupins. Le lupin est cultivé depuis plus de 4 000 ans, c'est un proche parent du pois, de la fève, du soja et du haricot. Aujourd'hui, quatre espèces ont un intérêt agronomique : le lupin blanc (*Lupinus albinus*) dans les pays méditerranéens, le lupin bleu (*Lupinus angustifolius*) en Australie, le lupin jaune (*Lupinus luteus*) en Europe centrale, le lupin sud-américain (*Lupinus mutabilis*). La farine de lupin est une excellente source protéique (39 à 45 % de protéines selon les espèces). Il contient des résidus d'acides aminés essentiels (lysine, leucine et thréonine). Il est également une source intéressante d'acides gras mono-insaturés[79]. Les lupins doux, comme le lupin blanc, peuvent être utilisés dans l'alimentation humaine car il est faiblement amer et il contient peu d'alcaloïdes potentiellement toxiques. De plus, les lectines et les inhibiteurs de protéase, qui sont des facteurs antinutritionnels réduisant la digestibilité des protéines, sont en plus faible quantité dans le lupin que dans beaucoup d'autres légumineuses[80].

PRÉVALENCE

Le premier cas d'allergie au lupin a été rapporté en 1994. Depuis lors, le nombre de cas de réactions suite à l'inhalation ou à l'ingestion de lupin n'a cessé d'augmenter. La prévalence de cette allergie dans la population générale n'est pas connue actuellement. Les voies de sensibilisation au lupin ne sont pas encore bien comprises. Il existe cependant deux voies certaines : par inhalation (ou ingestion) de lupin et par sensibilisation primaire *via* une légumineuse (principalement l'arachide). Toute légumineuse (famille de l'arachide, du soja...) doit être considérée comme présentant potentiellement des risques pour les personnes allergiques à l'arachide. Les légumineuses suivantes peuvent être à l'origine d'une réactivité croisée avec le lupin : arachide, soja, lentilles, fèves, pois chiches et pois. Le risque, pour un patient allergique à l'arachide, de présenter une allergie croisée avec le lupin est beaucoup plus élevé qu'avec les autres légumineuses.

QUELLE EST LA CAUSE DE L'ALLERGIE ?

Les allergènes majeurs des espèces de lupins sont des protéines de stockage, des conglutines.

Il ressort de différentes études que la dose réactogène pour les symptômes subjectifs est de 0,5 à 3 mg de farine de lupin (ce seuil est très bas) et le seuil pour les symptômes objectifs (rhino-conjonctivite, asthme, urticaire, douleur abdominale, exacerbation de dermatite atopique) est de 265 à 1 000 mg de farine de lupin. Cela correspond à des quantités trouvées couramment dans des aliments comme des snacks ou des biscuits [81].

Il y a une grande similarité (80 %) entre la globuline 11 S du lupin et les glycinines du soja. La β-conglutinine de lupin est très proche de l'allergène Ara h 2 qui est l'un des allergènes de l'arachide [82]. Des patients allergiques à différentes légumineuses comme l'arachide, le soja, les lentilles, les haricots et les pois ont montré des réactions allergiques à des aliments contenant des traces de protéines de lupin. Les globulines (protéines de stockage de la plante) suivantes α-conglutine (type légumine, 11 S), β-conglutine (type vicilline, 7 S), γ-conglutine (7 S), et δ-conglutine (2 S-albumine) semblent toutes être responsables de la réaction allergique. Il n'y a pas de consensus général sur le (ou les) allergène(s) majeur(s) du lupin. Il est probable que la présence conjointe de réactions croisées et d'allergènes puisse expliquer l'allergie au lupin de personnes non allergiques à l'arachide [83].

DANS QUELLES PRÉPARATIONS COURANTES TROUVE-T-ON DU LUPIN ?

Depuis longtemps, les graines de lupin sont consommées comme féculent et également comme snacks dans de nombreux pays, principalement des pays méditerranéens et d'Amérique du Sud. La farine de graine de lupin, quant à elle, a vu son utilisation augmenter depuis les années 1990 du fait de ses qualités nutritionnelles et technologiques. La farine de lupin est autorisée en France depuis 1997 comme ingrédient dans la farine de blé (jusqu'à un taux maximal de 10 % de farine de blé). L'addition de farine de lupin à la farine de blé est intéressante pour les produits céréaliers car elle limite la rétraction des biscuits après cuisson, améliore le moelleux et la conservation, ainsi que la couleur grâce à sa teinte jaune. Des concentrés sont à l'étude pour leurs propriétés émulsifiantes destinées aux industries de la viande et de la charcuterie. Elle est également utilisée dans l'élaboration de plats végétariens. Son utilisation reste encore restreinte dans l'alimentation française. Cependant, le débat actuel sur les organismes génétiquement modifiés pourrait faire préférer le lupin au soja pour une plus grande partie des produits. Enfin, le lupin ne contient pas de gluten et peut être utilisé dans les aliments sans gluten. La farine de lupin peut donc se retrouver dans des biscuits, pâtes, sauces, produits diététiques, substituts de lait et soja [79].

QUEL EST LE RÔLE TECHNOLOGIQUE DU LUPIN EN CUISINE ?

Le lupin offre de nombreux intérêts au niveau industriel. Il présente des propriétés technologiques utiles pour diverses denrées alimentaires : capacité d'émulsion et de liaison, clarification du vin...). Il possède aussi des qualités nutritionnelles avantageuses : bonne source de nutriments, excellente source de protéines, propriétés fonctionnelles telles que capacité antioxydante. C'est également la légumineuse contenant le moins de facteurs antinutritionnels [82, 84].

Les protéines de lupin ont des propriétés émulsifiantes importantes et peuvent contribuer à stabiliser des particules de gras dans des émulsions de viande. De plus, leur pouvoir gélifiant permet de renforcer la structure de produits cuits [85].

Dans un but économique et nutritionnel, des essais de substitution d'une partie du lait de vache par du « lait » de lupin (25 ml/100 ml) sont faits pour la fabrication de « fromage ». Il semblerait que les qualités du produit ne soient pas significativement altérées à la fois sur le produit frais et sur le fromage affiné [86].

PAR QUOI PEUT-ON REMPLACER LE LUPIN ?

La farine de caroube (*Ceratonia siliqua*), une autre légumineuse appartenant à la sous-famille des Césalpinidées, n'est pas responsable, *a priori*, de réactions croisées avec l'arachide, d'où son utilisation de plus en plus fréquente à la place du lupin [87]. Elle pourrait être mélangée à la farine de blé pour atteindre les mêmes objectifs fonctionnels que la farine de lupin.

MOLLUSQUES

et produits à base de mollusques

QU'APPELLE-T-ON MOLLUSQUE ?

Malgré la grande diversité de formes, **plusieurs caractères se retrouvent chez tous les mollusques** : notamment, la partie dorsale du corps est un manteau qui secrète des spicules calcaires, formant des plaques ou une coquille. Leur corps se subdivise en trois parties :

- la tête qui contient les organes sensoriels ;
- le pied ou sole pédieuse est un organe musculeux, typique des mollusques, destiné à la locomotion. Il revêt des formes très diverses suivant les espèces. Il forme la couronne de tentacules qui permet la prédation chez les Céphalopodes ;
- la masse viscérale qui est contenue dans une mince tunique, appelée le manteau. C'est le manteau qui sécrète la coquille de la plupart des mollusques, qui leur sert de protection et/ou de squelette et/ou dė régulateur de la flottaison.

Entre le manteau et la masse viscérale, le bourrelet palléal constitue une cavité palléale qui protège les organes respiratoires, et où débouchent l'intestin et les conduits génitaux.

On retrouve chez les mollusques les catégories suivantes :

- **Les gastéropodes** (escargots…) qui rampent, et se caractérisent par une céphalisation avancée. La reptation se fait sur un organe spécialisé, le pied. Les plaques calcaires de la carapace primitive se sont simplifiées au fil du temps, ce qui a conduit à ces coquillages généralement spiralés.

- Les bivalves (moules, huîtres…) sont sédentaires et sont protégés par leur coquille calcaire. Leur mode de vie se rapproche de celui des anémones, voire des éponges, consistant à filtrer l'eau ambiante. Au cours de l'évolution, ils ont perdu leur tête, et les yeux ne sont plus présents que sous forme dégénérée, dans quelques espèces.
- Les céphalopodes (poulpes, calmars, seiches…) nagent, et sont des prédateurs. La capacité d'attraper des proies qui peuvent chercher à s'échapper nécessite de bons yeux, et un cerveau performant capable de coordonner les mouvements de chasse. La coquille tend à se profiler en pointe, est réduite comme chez la seiche, voire absente totalement comme chez le poulpe.

Parmi les mollusques comestibles, on retrouve : bigorneau, buccin (bulot), calmar (encornet), coque, coquille Saint-Jacques, couteaux, escargot, huître, moule, oursin, palourde, pétoncle, pieuvre, poulpe, seiche…

PRÉVALENCE – QUELLE EST LA CAUSE DE L'ALLERGIE ?

Les allergies aux produits de la mer comptent parmi les allergies les plus répandues. Celles aux poissons et aux crustacés sont très communes alors que celles aux mollusques sont moins fréquentes. On retrouve des allergies aux mollusques pour toutes les classes de mollusques : les gastéropodes (par exemple, patelle et ormeau), les bivalves (par exemple, palourdes, huîtres, moules), et les céphalopodes (par exemple, calmar, poulpe). La tropomyosine, une protéine majeure du muscle, est le seul allergène bien identifié pour les mollusques. Les allergènes de l'huître (Cra g 1), de l'ormeau (Hal m 1), et du calmar (Tod p 1) ont été identifiés comme étant de la tropomyosine. On a observé chez des patients allergiques aux huîtres une réactivité croisée avec d'autres mollusques. Ceci amène donc à recommander aux allergiques à un type de mollusques d'éviter la consommation de toute espèce de mollusques. Il semblerait que des réactions croisées avec des allergènes de crustacés de type tropomyosine puissent également se produire mais cela est moins bien défini [88].

Des réactions non immunologiques peuvent se produire avec les mollusques comme avec les autres produits de la mer du fait de contaminants tels que des parasites, des bactéries, des virus, des toxines marines et des amines biogènes [89].

DANS QUELLES PRÉPARATIONS COURANTES TROUVE-T-ON DES MOLLUSQUES ?

Les mollusques peuvent être utilisés crus, marinés ou cuits et sont retrouvés dans divers plats traditionnels. On peut les retrouver de façon plus ou moins masquée dans des plats prêts à consommer, des paellas, des sauces, des produits à tartiner, des sushis, des soupes et des bouillons à base de fruits de mer.

PAR QUOI PEUT-ON REMPLACER LES MOLLUSQUES ?

Comme dans le cas des crustacés ou du poisson, on peut envisager d'utiliser les algues pour apporter une « touche » marine au plat, en lieu et place d'une sauce avec des moules (par exemple, poisson sauce marinière) ou d'une bisque de crustacés.

Dans le cas où les mollusques sont utilisés comme apport de protéines ou comme « marquants » (par exemple des moules dans un risotto), il vous faut utiliser votre imagination pour substituer cet ingrédient : morceaux de poulet, champignons, légumes...

4

PRATIQUE CULINAIRE ET MAÎTRISE DU RISQUE

EXISTE-T-IL UN SEUIL EN DEÇÀ DUQUEL IL N'Y A PAS DE RISQUE ?

L'identification de seuils pour les individus (seuils cliniques ou médicaux) ou de seuils pour la protection d'une population d'individus sensibilisés (seuils de santé publique résultant d'une décision politique de gestion du risque) est un défi majeur en termes de protection de la santé publique. Au plan strictement scientifique, la plupart des auteurs s'accordent avec les conclusions de l'AFSSA pour dire qu'il n'est pas possible aujourd'hui de définir de tels seuils d'une façon générale. Il existe en effet une large gamme de réponses à un aliment allergène particulier. Ainsi, compte tenu des différences individuelles dans le degré de tolérance orale, la fourchette de doses seuils pour la réponse à l'arachide a été récemment évaluée entre 0,5 mg et 10 g d'arachide.

Les études conduites chez des patients souffrant de maladie cœliaque ont permis de fixer la fourchette des quantités journalières maximales tolérées entre 10 et 50 mg de gluten. Sur la base de la connaissance des régimes alimentaires de ces patients, il apparaît que des aliments à base de blé, d'orge, de seigle ou d'avoine, sont sans risque s'ils contiennent moins de 20 mg de gluten par kilogramme (100 mg pour les produits diététiques dérivés de céréales dites toxiques pour les cœliaques). Cette valeur a été retenue comme teneur maximale des denrées alimentaires destinées aux personnes souffrant d'une intolérance au gluten et donc pour les mentions d'étiquetage et la présentation de ces denrées : le règlement CE/41/2009 a défini des seuils pour les produits déclarés « sans gluten » (20 mg/kg) et les produits « à faible teneur en gluten » (100 mg/kg).

Le seuil de tolérance au lactose est fonction de l'activité lactasique résiduelle qui varie considérablement d'un individu à l'autre. Divers facteurs peuvent l'influencer : âge, sexe, syndrome de l'intestin irritable, facteurs psychologiques... Par ailleurs, tout ce qui ralentit la vidange gastrique (graisses et/ou association d'aliments) améliore l'absorption du lactose. Enfin, bien que l'activité lactasique ne soit pas à proprement parler adaptable, les symptômes peuvent s'améliorer au cours de prises répétées de lactose. Généralement, la plupart des hypolactasiques peuvent consommer jusqu'à 12 g de lactose (250 ml de lait) sans troubles particuliers. Dans les faits, certains hypolactasiques supportent jusqu'à 50 g de lactose sans aucun symptôme alors que d'autres sont intolérants dès 7 g.

Les réactions aux sulfites sont liées plus à leur concentration qu'à la quantité consommée ; c'est la raison pour laquelle la réglementation est basée sur leur concentration. Une concentration seuil a pu être estimée à 10 mg par kilo, valeur en dessous de laquelle peu de réactions sont à craindre. L'étiquetage des sulfites est donc exigé au-delà de cette concentration.

Une réflexion sur les seuils est en cours au Codex et une démarche baptisée VITAL (*Voluntary Incidental Trace Allergen Labelling*) est aujourd'hui mise en œuvre en Australie et en

Nouvelle-Zélande. Cette démarche a débouché sur la fixation de seuils par les autorités, en collaboration avec les industriels et les associations de consommateurs (cf. www.allergenbureau.net pour plus de précisions)[5,90].

Valeurs seuils fixées par la démarche VITAL (Australie, Nouvelle-Zélande)

Allergène	Lait	Œuf	Soja	Poisson	Arachide	Fruits à coque	Sésame	Crustacés et mollusques	Gluten
Niveau d'action 1	< 5	< 2	< 10	< 20	< 2	< 2	< 2	< 2	< 2
Niveau d'action 2	5-50	2-20	10-100	20-200	2-20	2-20	2-20	2-20	20-100
Niveau d'action 3	> 50	> 20	> 100	> 200	> 20	> 20	> 20	> 20	> 100

Les valeurs des seuils sont données en mg/kg (ppm) de protéines totales.

Niveau d'action 1 : niveau en dessous duquel il n'y a aucun étiquetage.

Niveau d'action 2 : étiquetage « peut contenir ».

Niveau d'action 3 : étiquetage de la présence de l'additif à déclaration obligatoire concerné dans la liste des ingrédients.

En matière d'allergie, vous risquez toujours de trouver une personne qui réagit à des traces présentes, c'est-à-dire à des seuils extrêmement bas.

PROTÉGER LE CONSOMMATEUR ET SE PROTÉGER À L'AIDE DU PLAN DE MAÎTRISE SANITAIRE

Pour assurer la sécurité sanitaire de l'alimentation et donc protéger la santé des consommateurs, les professionnels français ont l'obligation de mettre en place, d'appliquer et de maintenir une ou plusieurs procédures permanentes fondées sur les principes HACCP[1], selon l'article 5 du Règlement CE n° 852/2004 relatif à l'hygiène des denrées alimentaires. Dans le secteur des denrées alimentaires d'origine animale, ils ont à leur disposition **une « boîte à outils » (le PMS, Plan de maîtrise sanitaire), constituée de trois niveaux** :

- **les bonnes pratiques d'hygiène ;**
- la méthode **HACCP**, menant à une analyse exhaustive de tous les dangers en relation avec une denrée alimentaire ;

Dans la cuisine, il vous faut opter pour une organisation rigoureuse tant au niveau de votre économat qu'au niveau de la transformation des produits. Il faut acheter des produits bruts ou semi-transformés parfaitement identifiés (nature et composition), utiliser des recettes bien établies, éviter le mélange des outils entre les différents plats, travailler avec les mains et les vêtements propres, avoir des surfaces de travail nettoyées régulièrement.

---

1 HACCP = *Hazard Analysis Critical Control Points* (en français, Analyse des points critiques pour la maîtrise des risques).

- la traçabilité et la gestion des non-conformités.

L'intérêt pour les professionnels de la mise en œuvre de ces outils est double : d'une part, mettre sur le marché des produits sûrs et, d'autre part, en cas de problème sanitaire, pouvoir apporter la preuve de leur diligence normale afin de pouvoir dégager leur responsabilité.

CONTAMINATIONS CROISÉES ET BONNES PRATIQUES DE FABRICATION

La présence d'allergènes par contaminations croisées peut être limitée par l'application de bonnes pratiques d'hygiène :

- lavage des mains après avoir touché des œufs, des fruits à coque, ou tout autre ingrédient allergène ;
- utilisation de matériel spécifique pour les produits allergènes ;
- nettoyage et désinfection scrupuleux des locaux et des matériels ;
- pour les allergènes contenus dans les préparations d'additifs ou les aides culinaires, la présence peut être réduite en refermant bien les sacs entamés et en utilisant des récipients différents pour les pesées.

Le risque de contaminations croisées d'aliments avec des allergènes est le point le plus problématique dans la restauration. Par exemple, cela peut subvenir au cours du stockage des ingrédients lorsque des denrées contenant de l'allergène sont situées à proximité d'autres n'en contenant pas. En outre, au cours de la production des aliments et de la fabrication d'un plat, il existe plusieurs risques de contamination croisée entre des traces d'allergène d'un aliment et un autre aliment, par exemple lors de l'utilisation d'équipements communs pour le mélange ou la pesée des ingrédients, ou en utilisant une même ligne de production ou du matériel insuffisamment nettoyé, ou encore un plan de travail insuffisamment nettoyé et commun à plusieurs préparations. Un nettoyage insuffisant peut aussi provoquer un risque de contamination par des allergènes *via* les eaux de rinçage ou avec l'utilisation d'une procédure de nettoyage non adaptée. Le personnel de production ou de cuisine lui-même peut contaminer indirectement les aliments avec des vêtements contaminés. À toutes les étapes de la production, il peut arriver que des matières premières utilisées dans le processus ou des produits finis soient réutilisées pour limiter le gaspillage. Une attention particulière doit être apportée à ces pratiques pour assurer une réutilisation sans risque des produits.

CONFÉDÉRATION GÉNÉRALE DE L'ALIMENTATION EN DÉTAIL (CGAD)

La Confédération générale de l'alimentation en détail (CGAD) est l'organisation interprofessionnelle représentative des métiers de l'artisanat, du commerce alimentaire de proximité et de l'hôtellerie-restauration. La CGAD a élaboré en 2007 un guide d'information des consommateurs à destination des professionnels. Les objectifs du guide d'information des consommateurs sont notamment de permettre une meilleure connaissance des allergènes à déclaration obligatoire par le personnel et de proposer des solutions d'accueil et de gestion d'un client allergique en assurant une information fiable et précise de la part du personnel et en adaptant le service au client allergique. Il s'agit de mettre en place une démarche générale volontaire dans l'entreprise pour accueillir le client allergique.

5

REVOIR SES RECETTES POUR INNOVER

DÉMARCHE DE RÉVISION ET DÉFORMULATION DE RECETTES

C'est très bien, vous connaissez le mécanisme des allergies possibles, comment éviter un accident bête. Sur vos menus, vous indiquez en gras la mention « contient du… » ou « peut contenir… », parce que vous n'avez pas de gestion appropriée de vos ustensiles. Bref, vous avez bien lu la première partie de ce livre. **Félicitations !**

Mais, qu'est qu'un restaurateur sinon un professionnel passionné dont l'objectif est de faire plaisir ? Que répondriez-vous à un client allergique qui vous dirait :

« Bonjour, j'aimerais un dessert mais il n'y a que des desserts contenant du lait ou des œufs.

– Privé de dessert ! Ce n'est pas de ma faute si vous êtes intolérant au lactose ou allergique aux œufs ? »

Autre cas :

« Bonjour, je suis intolérant au gluten, auriez-vous des pains sans gluten ?

– Repas sans pain ! Vous êtes dans un restaurant français ! Vous souffrez de maladie céliaque ? À l'étranger, ils font des repas sans pain. Mangez des sushis ! »

Vous imaginez-vous répondre à votre client de la sorte ? Certainement pas ! Mais comment s'y prendre ? Trois options s'offrent à vous :

- « Désolé, je n'ai rien pour vous. »
- « Je peux vous proposer autre chose : un plat préparé spécifiquement pour des gens dans votre cas » ou « j'ai prévu une assiette où l'ingrédient ne figure plus. »
- « J'ai conçu un autre plat du même type mais sans l'ingrédient qui vous pose problème. »

« Est-il possible d'avoir un dessert sans lait ni produit laitier qui ne soit pas une salade de fruits ? » Vous pouvez offrir un dessert dont vous savez que la recette ne fait appel à aucun produit laitier. Vous pouvez opter aussi pour la créativité, l'innovation. Il faut juste s'appuyer sur quelques connaissances de base et, ensuite, libre à vous de créer.

Voilà donc l'objet de ce chapitre : vous permettre de substituer un ingrédient à un autre. Pour cela, il faut connaître son rôle dans la constitution du plat.

LES FONCTIONS CULINAIRES DES PROTÉINES

Certaines protéines sont à l'origine des allergies de certains clients. Mais quelles sont donc leurs fonctions culinaires ? Vous faites une mayonnaise : les protéines du jaune d'œuf (et la lécithine) stabilisent l'émulsion huile-dans-eau. Vous préparez un pâté de légumes : les protéines du blanc d'œuf sont à l'origine de la gélification. Passons en revue ces aptitudes technologiques des protéines. Cela nous servira ensuite pour le remplacement des ingrédients dont certains contiennent des allergènes. Nous expliquerons pourquoi les protéines sont des tensioactifs (stabilisation d'émulsion et aptitude au foisonnement), pourquoi elles permettent la formation de gel, pourquoi elles permettent à la cuisson des développements d'arôme et de couleur.

Les capacités des protéines pour la stabilisation d'émulsion

Comment une protéine stabilise-t-elle une émulsion ?

Exemples d'émulsion : la vinaigrette, la mayonnaise mais aussi le lait non écrémé, les sauces...

Mélangez de l'eau et de l'huile raffinée, agitez fortement. Après 1 minute, l'eau et l'huile se séparent. Les phases huile et eau sont non miscibles (à l'inverse de l'alcool et de l'eau : l'alcool est miscible à l'eau, vous n'avez pas deux phases dans votre marc de Bourgogne ni dans votre Puligny-Montrachet... sauf si vous en abusez, mais il s'agit alors d'un problème de vision...).

Pour disperser de l'huile dans de l'eau de manière assez stable, il faut utiliser un tensioactif qui rend compatible l'eau et l'huile. Le tensioactif en se plaçant à l'interface eau/huile des globules gras dispersés dans la phase aqueuse réduit la tension de surface entre l'eau et l'huile. Les tensioactifs sont des espèces amphipolaires, c'est-à-dire que leur structure chimique possède à la fois des caractères compatibles avec l'eau et des caractères compatibles avec l'huile, ce qui leur permet de se placer juste à la frontière entre l'huile et l'eau. La lécithine, qui n'est pas une protéine mais un phospholipide (son nom scientifique est la phosphatidylcholine), est un très bon tensioactif. En effet, une partie de sa structure chimique est constituée d'une zone hydrophobe (résidu diacylglycérol) qui interagit avec les molécules de la matière grasse (en gris dans la figure suivante) et d'une partie hydrophile, chargée positivement (partie choline, avec une fonction ammonium quaternaire, $-CH_2-CH_2-(-CH_3)_3N^+$) qui interagit avec les molécules d'eau (H_2O) (qui sont des dipôles) ou des ions H_3O^+ ou HO^-.

À noter qu'il existe aussi des émulsions eau-dans-huile, c'est-à-dire des dispersions de globules d'eau dans une phase grasse ; par exemple, le beurre ou la margarine.

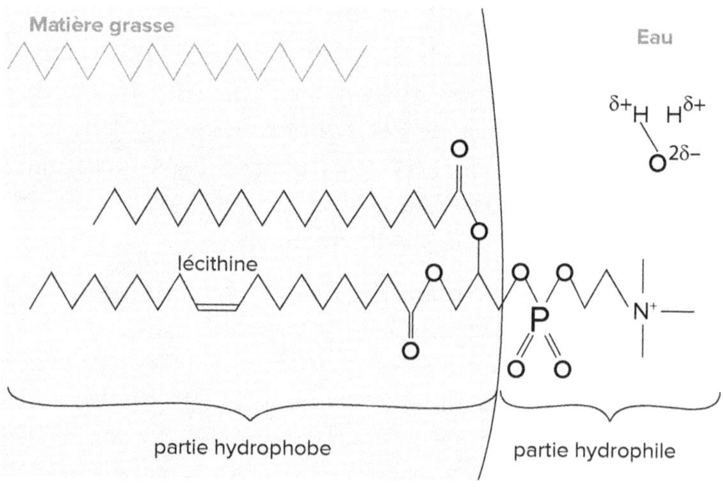

Stabilisation d'une émulsion par la lécithine

Une protéine possède par nature des fonctions hydrophiles (compatibles avec l'eau) et hydrophobes (compatibles avec l'huile). Les résidus d'acides aminés hydrophiles de la protéine sont par exemple les résidus d'acide aspartique, glutamique ou de lysine. Les résidus d'acide aminé hydrophobes sont par exemple les résidus de phénylalanine, de tyrosine ou de leucine. De fait, si la protéine peut s'étaler à l'interface durant l'agitation puissante de l'eau et de l'huile, elle va stabiliser les globules gras dans la phase aqueuse et permettre la formation d'une émulsion huile-dans-eau (figure suivante).

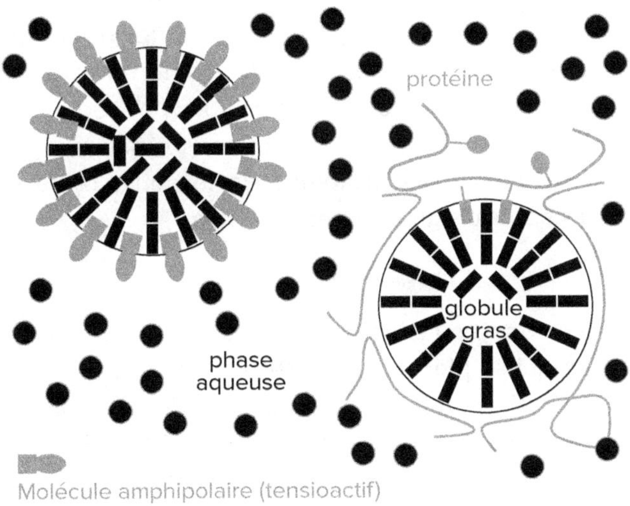

Aptitude à la stabilisation d'émulsion d'une protéine.
Principe de la tensioactivité d'une protéine

Dans la figure précédente, les molécules d'eau sont figurées par des ronds et constituent la phase aqueuse, les rectangles figurent les lipides et constituent les globules gras dispersés dans l'eau. Un tensioactif est une molécule amphipolaire (en couleur sur le schéma) et se positionne à l'interface eau/huile, stabilisant ainsi le globule gras. Ce tensioactif possède à la fois des caractéristiques compatibles avec les molécules d'eau (partie ovale) et avec les molécules d'huile (partie carrée). La protéine est représentée par un brin de couleur avec des bras rectangulaires ou ronds (les résidus d'acides aminés de la protéine) et est par nature tensioactive car elle est formée de fonctions chimiques hydrophiles et d'autres hydrophobes.

On pourrait en théorie remplacer une protéine par une autre pour stabiliser une émulsion. En fait, c'est moins simple que cela. Les protéines diffèrent quant à leur aptitude tensioactive (compositions en résidus aminoacyls différentes, pas la même répartition des groupements hydrophiles et hydrophobes, « flexibilité » de la protéine – facultés de dénaturation de surface différentes). De manière générale, les protéines végétales (soja, lupin, pois) sont des agents émulsifiants de qualité moyenne (protéines grosses, rigides, très compactes) alors que les protéines de lait ou d'œufs sont des agents émulsifiants de grande performance.

Comment une émulsion se déstabilise-t-elle ?

Pour stabiliser une émulsion, il ne suffit pas d'avoir des espèces tensioactives qui se placent aux interfaces eau/huile des globules gras. Il faut aussi ralentir les phénomènes de déstabilisation des émulsions (figure suivante) : le crémage, la floculation, la coalescence (et l'inversion de phase que nous ne présenterons pas[1]).

Le crémage est le mécanisme principal de déstabilisation. L'huile est plus légère que l'eau. Elle migre vers le haut.

Allez, un peu de science ! Le crémage dépend de la poussée d'Archimède et des forces de frottement.

---

1 L'inversion de phase s'opère lors du barattage, quand vous battez une crème fermière réfrigérée – émulsion matière grasse-dans-eau – et que vous obtenez du beurre – émulsion eau-dans-matière grasse.

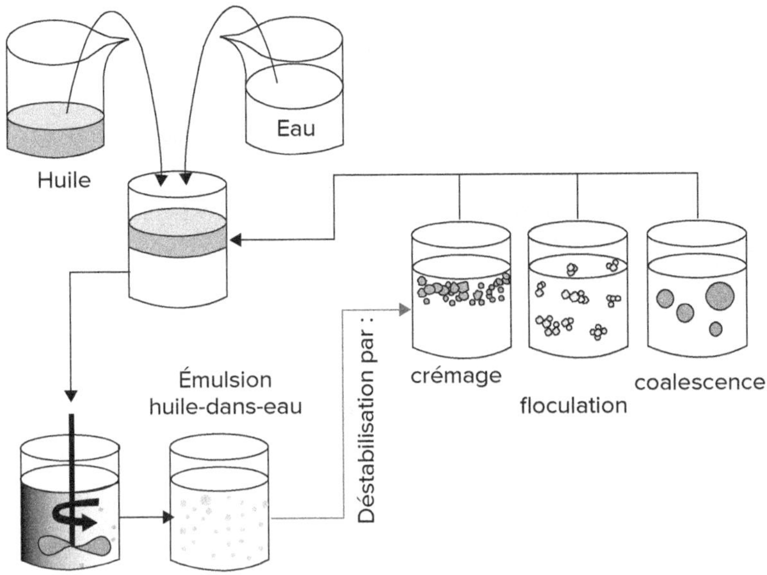

Les principaux mécanismes de déstabilisation d'une émulsion

La vitesse de crémage est proportionnelle au rayon élevé à la puissance 2, à la différence de la masse volumique entre les phases grasses et aqueuses, et inversement proportionnelle à la viscosité de la phase dispersante (l'eau) :

$$\upsilon = \frac{-2g \cdot r^2(\rho_{\text{phase aqueuse}} - \rho_{\text{huile}})}{\rho \cdot \eta_{\text{phase aqueuse}}} \cdot K$$

où g est la pesanteur terrestre, r le rayon moyen des globules gras, ρ la masse de volumique de l'eau (1 kg/l) ou de l'huile (0,92 kg/l), η la viscosité de la phase aqueuse (phase dispersante des globules gras) et K un facteur correctif qui prend en compte la viscosité de la phase aqueuse et celle de l'huile ($K = 3(\eta_{huile} + \eta_{phase\ aqueuse})/(3\eta_{huile} + 2\eta_{phase\ aqueuse})$) et que l'on considère comme étant égal à 1.

Si vous observez l'égalité, vous savez que, pour faire une émulsion qui ne crème pas vite, il faut de petits globules gras (r petit) donc un outil à émulsionner très puissant (mixeur à haute vitesse de rotation) et une viscosité de la phase aqueuse importante (c'est ainsi que les vinaigrettes prêtes-à-l'emploi vendues dans le commerce sont toujours épaisses).

Pour éviter la déstabilisation d'une émulsion, il vous faut :

- un tensioactif puissant qui abaisse la tension de surface entre l'eau et l'huile (action sur r), comme des protéines de lait ou d'œuf ;
- un mélangeur puissant pour faire des petites tailles de globules gras (action sur r) ;
- un agent épaississant en phase aqueuse (un peu d'amidon solubilisé dans l'eau par exemple ; action sur η).

Les capacités des protéines pour la stabilisation de mousse

Une mousse s'apparente à une émulsion, mais il s'agit d'une émulsion air-dans-eau. Les principales différences avec les émulsions huile-dans-eau sont, d'une part, la taille des bulles d'air beaucoup plus importante que celle des globules gras et, d'autre part, la différence de densité entre l'air (masse volumique de 1,2 g/l) et l'eau (masse volumique de 1 kg/l) bien plus forte qu'entre l'huile (masse volumique de 0,92 kg/l) et l'eau.

Pour rappel, le principal mécanisme de déstabilisation d'une émulsion (et donc d'une mousse) est le crémage. Le crémage est d'autant plus fort que le diamètre du globule est important et que la différence de densité entre les phases est importante. Par voie de conséquence, les mousses (émulsions air-dans-eau) sont plus instables que les émulsions huile-dans-eau.

Une mousse se déstabilise :

- à la suite d'une migration rapide des bulles vers la surface et d'un drainage de la phase dispersante (la phase aqueuse ou grasse qui entoure les bulles) vers le bas du récipient ;
- à la suite du grossissement progressif des bulles par migration du gaz des plus petites vers les plus grosses (on parle de la maturation d'Oswald) ;
- et par la perte de la sphéricité des bulles qui, trop compactées et de plus en plus grosses, finissent par prendre des formes polygonales. Les bulles polygonales sont fragiles à leurs angles et explosent bien plus facilement qu'une bulle parfaitement sphérique (figure suivante).

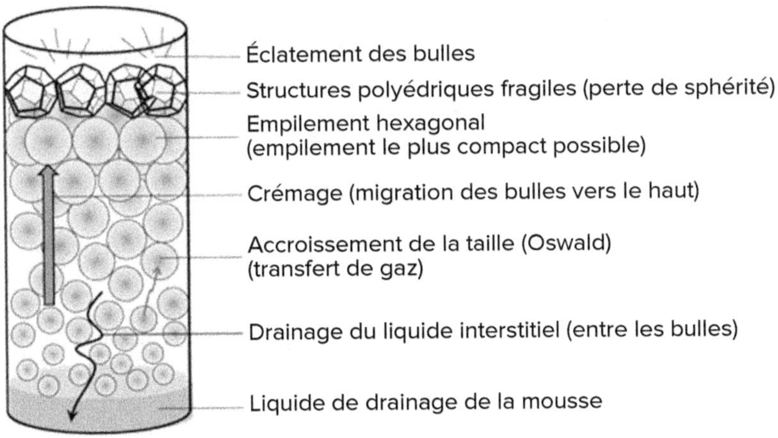

Processus de déstabilisation d'une mousse

La stabilisation d'une mousse dépend d'abord de l'interface air-eau. En l'absence de tensioactif, la mousse est très peu stable et disparaît vite. Versez-vous un verre d'eau pétillante, vous n'aurez jamais la mousse crémeuse fine et stable d'une bière sombre d'Irlande. Prenez un verre dans lequel quelqu'un a bu du lait ; versez de l'eau gazeuse sur votre résidu de lait, vous verrez que votre mousse d'eau gazeuse est alors relativement stable. Les protéines, en particulier les protéines de blanc d'œuf, permettent d'obtenir des mousses stables d'abord parce qu'elles forment une couche tensioactive autour de la bulle d'air. Si les protéines se repoussent entre elles (répulsions électrostatiques), le film interfacial air-eau est mal stabilisé. En revanche, plus les protéines sont interconnectées à la surface des bulles, plus le film interfacial (la couche entre l'air et la phase aqueuse) est cohésif, et plus la mousse est stable (figure suivante).

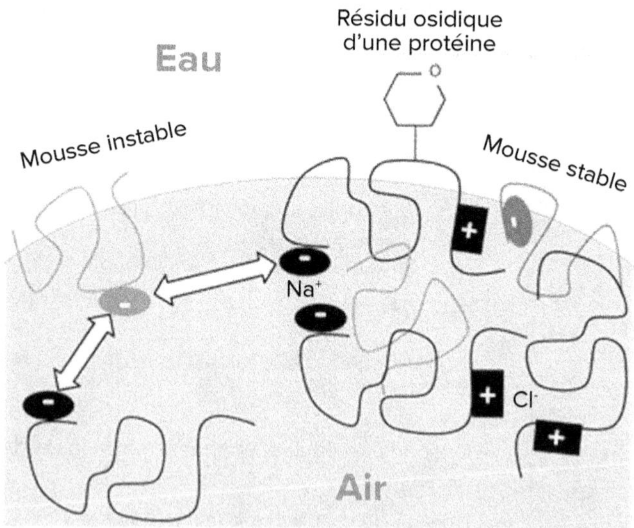

Stabilisation de l'interface air-eau d'une bulle par des protéines

Le blanc d'œuf possède à la fois des protéines chargées positivement (ovalbumine par exemple) et des protéines chargées positivement (lysozyme), ce qui permet l'obtention d'un film à l'interface des bulles très cohésif.

En ajoutant un peu de sel, on modifie les charges des protéines et on obtient une meilleure connexion entre elles : pour faire une belle mousse de blanc d'œuf bien ferme, il est donc recommandé d'ajouter une pointe de sel.

Enfin, ces protéines d'œuf se dénaturent facilement (elles perdent facilement leur structure), ce qui leur permet de mieux s'associer entre elles. En revanche, si vous battez trop longtemps au batteur électrique vos blancs d'œuf, la mousse retombe : vous avez trop dénaturé les protéines qui alors s'agrègent entre elles et ne stabilisent plus l'interface air-eau (on parle de « sur-battage », *overwipping* dans le jargon scientifique et en anglais).

Les protéines de blanc d'œuf ont encore un autre avantage sur d'autres protéines : elles possèdent une partie osidique sur leur structure. Cette partie osidique se place dans le liquide interstitiel et ralentit le drainage de l'eau entre les bulles. Le fait de sucrer le blanc d'œuf avant battage rend la mousse plus stable car le sucre accroît la viscosité de la phase aqueuse, ce qui a pour effet de ralentir le drainage de la mousse.

Les aptitudes des protéines à la gélification

Un gel est un produit viscoélastique : il possède à la fois les propriétés d'un liquide (possibilité d'écoulement et viscosité) et d'un solide (élasticité).

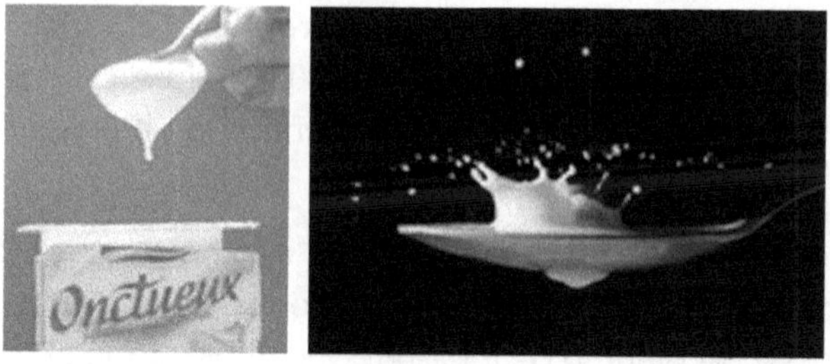

Le gel brassé est un système viscoélastique
qui finit par s'écouler sous cisaillement
mais qui ne s'écoule pas comme du lait (liquide)

Les gels sont des pseudo-solides qui peuvent se liquéfier par exemple sous agitation (votre crème de beauté ou votre gel de rasage est conçu pour passer à l'état liquide quand vous l'étalez sur votre peau) ou sont des liquides qui ne s'écoulent plus (voir l'image de la cuillère de lait et de yaourt brassé de la figure précédente) !

Lorsque vous cassez un œuf sur une poêle, il s'écoule d'abord de la coquille puis se gélifie sous l'action du chauffage. Sous l'effet de la cuisson, les protéines établissent des connexions entre elles et forment un réseau de filaments ou de rubans qui emprisonne les molécules d'eau (le système ne peut alors plus s'écouler) et font passer votre préparation d'un état liquide à un état gélifié. On parle de transition sol-gel, passage de l'état liquide (le sol ou suspension colloïdale) à l'état gélifié. Le chauffage des protéines dénature les protéines, les déplie et ce dépliement provoque leur association. Les associations protéines-protéines se renforcent ensuite au refroidissement. Alors qu'avant cuisson, l'eau circulait librement (état liquide), l'association des protéines entre elles en un réseau tridimensionnel durant et après la cuisson « emprisonne » les molécules d'eau dans des poches de ce réseau protéique : l'aliment passe alors à l'état gélifié (figure suivante).

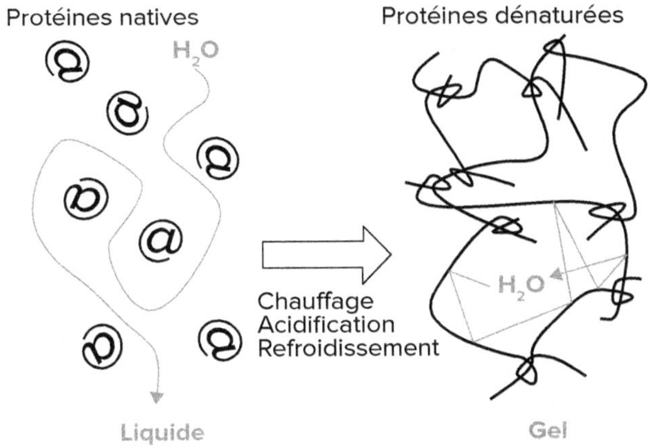

Passage de l'état liquide de suspension protéique à l'état gélifié

Les protéines d'œuf possèdent des aptitudes à la gélification par chauffage qui sont exceptionnelles. En cas d'allergie à l'œuf, il est fort difficile de remplacer ces protéines. Elles se dénaturent vite, à des températures assez basses (moins de 70 °C), et forment des gels dont les propriétés mécaniques (résistance à la fracture ou à la déchirure, rétention d'eau) sont importantes. D'autres protéines peuvent faire des gels au chauffage, comme les protéines de lactosérum (petit lait[1]) ou les protéines de soja.

Pour gélifier, toutes ces protéines doivent être à l'état natif ou peu dénaturées. Si vous utilisez de la poudre de blanc d'œuf, la capacité à gélifier est plus faible voire nulle car les protéines ont perdu leur conformation native (structure) lors du séchage, ne peuvent plus se déplier et donc ne peuvent plus se connecter l'une à l'autre. C'est la même chose pour les protéines de lactosérum. Il existe dans l'industrie laitière des entreprises qui savent produire de la

1 Le lait est constitué de deux grandes familles de protéines : les caséines sous forme d'une grosse « bille » protéique, et les protéines sériques. Dans la fabrication du fromage, seules les caséines forment le gel (le caillé). À l'égouttage, il s'écoule un liquide, le lactosérum qui contient les protéines sériques ou protéines de lactosérum.

poudre de protéines sériques natives, c'est-à-dire de la poudre de petit-lait avec des protéines encore fonctionnelles.

La gélatine est un cas à part dans la gélification des protéines : la gélatine ne forme pas des gels lors du chauffage mais seulement au refroidissement. La gélatine est sous forme d'hélices déjà associées. Au chauffage, les hélices se dissocient. En refroidissant, la gélatine se reconnecte par endroits, emprisonnant l'eau dans des poches, et formant donc un gel.

Le lait avec ses grosses « billes » protéiques que sont les micelles de caséine est un autre cas particulier. Le lait ne gélifie pas facilement par chauffage (il faut chauffer à 140 °C pendant 30 minutes pour cela). En revanche, il gélifie facilement par acidification comme dans le yaourt, ou sous l'action d'une enzyme, la chymosine (que l'on trouve dans la présure), comme dans les caillés fromagers. Il faut vous imaginer la micelle de caséine comme une « bille » protéique hérissée de « cheveux » chargés négativement (caséine kappa). Les « billes » se repoussent entre elles et restent dispersées dans le lait. Par action de la présure ou de l'acidification, elles perdent leurs charges négatives et finissent par s'associer : on obtient alors un réseau de caséines qui donne un gel, caillé fromager ou yaourt.

Une acidification de protéines de soja associées en petits agrégats (suite à la dénaturation des protéines par chauffage du « lait » de soja) permet l'obtention de gels aux propriétés très voisines du yaourt : le soyourt, ou « yaourt[1] » de soja.

Notez que pour former un gel, il ne faut pas agiter ! Si vous agitez pour voir si cela gélifie alors que les protéines sont lentement en cours d'association, vous cassez le gel ! Il est cocasse de voir des concurrents de concours de cuisine au temps imparti très limité secouer leur gelée en cellule de refroidissement pour voir si le gel « a pris »... À force de tester, cela ne prendra plus !

---

1 Attention, le terme yaourt est réservé à du lait acidifié par des bactéries lactiques, streptocoques et lactobacilles.

Sans que nous y prêtions attention, nombre d'aliments sont des gels : les crèmes dessert, les yaourts brassés ou le fromage blanc sont des gels faibles, à base de protéines de lait et parfois de carraghénane (un glucide complexe issu d'une algue) pour les crèmes dessert lactées. La ricotta est un gel de protéine de lactosérum (petit lait) ; le tofu est un gel de protéine de soja. La gelée du jambon persillé est un gel de gélatine ; le flan de légumes ou les flans en dessert sont des gels de protéines d'œuf et d'amidon. La viande crue avant cuisson est un gel ferme (très proche du solide), la viande cuite aussi. Les pâtés de viande, de poisson, les terrines de porc sont tous des gels de protéines de viandes et d'œufs. Ces derniers sont des gels « remplis », car ils contiennent beaucoup de matière grasse émulsionnée. En effet, les gels sont appelés gels « remplis » quand, entre les réseaux protéiques, se trouvent des globules gras qui facilitent la gélification. Ces globules gras peuvent même participer au réseau du gel quand ils sont stabilisés par les mêmes protéines que celles qui constituent le gel.

Les aptitudes à la coloration lors de la cuisson

Dans la pratique culinaire, le jaune d'œuf ne sert pas seulement d'agent liant-épaississant, gélifiant ou émulsifiant, il sert à colorer en jaune. La **couleur jaune** de l'**œuf** provient des caroténoïdes contenus dans l'œuf. Le jaune d'œuf contient notamment de la lutéine (8 à 17 mg/kg de jaune d'œuf), de la zéaxanthine (0,7 à 1,8 mg/kg), ainsi que du β-carotène (0,2 à 1,5 mg/kg) et de la canthaxanthine (1,5 à 7 mg/kg) qui sont des pigments type caroténoïde plutôt orangés [91].

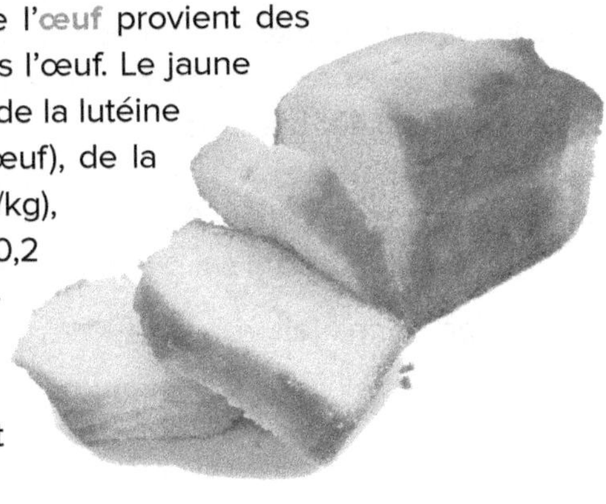

Pour remplacer le jaune d'œuf en tant que colorant, on peut d'abord penser à un autre aliment riche en lutéine : l'huile de colza est bien plus riche que le jaune d'œuf (30 à 90 mg/kg). Elle contient également un peu de β-carotène (2 mg/kg)[92]. On peut également utiliser le curcuma ou le safran. Le pigment du curcuma qui s'appelle la curcumine (qui n'est pas un caroténoïde ; E100 sous forme d'extrait), ou celui du safran, la crocine (un caroténoïde), remplacent très simplement la coloration due à l'œuf. Ces matières colorantes sont plus coûteuses que l'œuf mais apportent aussi leur arôme, ce qui peut être un inconvénient.

On peut utiliser des extraits végétaux riches en lutéine : l'additif colorant E161b est soit le pigment extrait, soit le pigment synthétisé. La lutéine est généralement extraite d'herbes comme les orties, de micro-algues ou d'une fleur, la rose d'Inde (*Tagetes erecta*).

On peut également utiliser des colorants alimentaires de type caroténoïdes, dont on est sûr qu'ils ne sont pas extraits de l'œuf : le β-carotène (E160a) présent dans les carottes, courges, abricots..., le E160b (bixine extrait du fruit du roucou, un arbustre de l'Amérique tropicale), la canthaxanthine (E161g) de synthèse dans les aliments et qui se retrouve dans les chanterelles ou le plumage des ibis rouges ou des flamants roses, ou la zéaxanthine (E161h) que l'on trouve notamment dans les grains de maïs, sont des colorants qui peuvent suppléer à l'absence d'œuf pour l'obtention d'une couleur jaune quand ils sont dilués (teinte plutôt orangée à forte concentration). Notez que le pigment de la tomate, le lycopène (E160d, 200 mg/kg dans de la purée de tomate), la capsanthine (E160c, extrait du paprika ou de poivrons), plus rouge-orangé, sont aussi des caroténoïdes.

L'autre type de coloration fréquente en cuisine est la coloration brune par chauffage. Elle résulte d'une réaction chimique nommée « réaction de Maillard », du nom de son découvreur français. La réaction de Maillard donne non seulement à la cuisson des couleurs brunes mais aussi développe des arômes de cuisson. Et oui, la cuisine, c'est de la chimie ! On mélange des produits, on chauffe et l'on obtient un nouveau produit ! La réaction de Maillard s'opère entre un résidu de lysine d'une protéine (fonction amino, RNH_2, qui est nucléophile) et une fonction carbonyle d'un ose réducteur tel que le lactose du lait, le glucose ou le fructose. Seul le saccharose (sucre blanc de la betterave à sucre ou de la canne) ne permet pas de réaction de Maillard : cet ose ne possède pas de fonction carbonyle dans sa structure chimique. La réaction de Maillard débute par une addition d'un groupe amino de la protéine sur le carbonyle d'un ose et se poursuit par une série de réactions qui conduit jusqu'à la formation d'une structure de chromophore qui donne la couleur brune à la cuisson (figure suivante). Par d'autres séries de réactions et notamment des décompositions durant la cuisson, la réaction de Maillard produit des arômes.

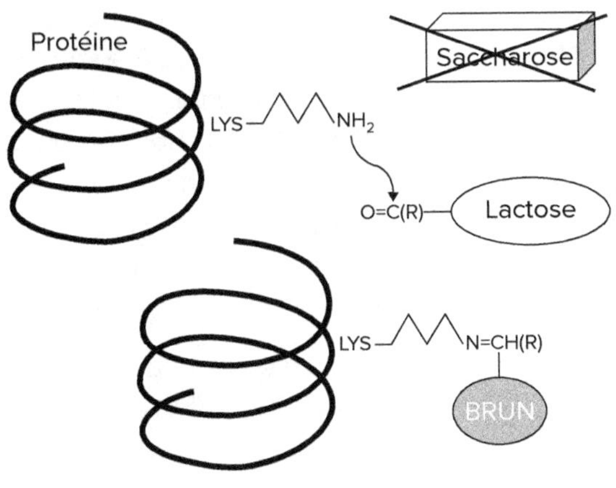

Formation de couleur brune à la cuisson
à la suite d'une réaction entre une protéine
et un ose réducteur, du lactose

Ainsi, quand vous remplacez du lait de vache par du « lait » de soja dans la fabrication de crêpes, les crêpes ne brunissent pas autant à la cuisson : le lait de soja contient une quantité faible d'ose réducteur et bien sûr pas de lactose et les protéines de soja sont moins riches en résidus lysyls (groupe $-NH_2$). Comme le développement d'une réaction dépend de la concentration en réactifs, la couleur est logiquement moins intense à la cuisson de crêpes au soja que de crêpes au lait de vache. On peut en théorie obtenir cette couleur brune avec n'importe quelle protéine en ajoutant du glucose et du fructose (du miel par exemple), à condition que les protéines soient suffisamment riches en résidus de lysine. Hormis le gluten, tout type de protéine convient. Attention cependant aux arômes formés par la réaction de Maillard : ils ne seront pas identiques à ceux obtenus avec du lait.

Cette réaction nécessite également un pH assez haut (plus le pH est élevé moins la préparation est acide). En diminuant le pH, par exemple en ajoutant du jus de citron, on diminue la proportion de $R-NH_2$ (forme basique) au profit de sa forme acide, le groupe ammonium $R-N^+H_3$ qui n'est pas réactif avec les sucres réducteurs. On obtiendra à la cuisson un produit moins coloré. Un pH de 5 permet l'arrêt de la réaction de Maillard (brunissement à la cuisson) sans trop donner de goût acide. En revanche, si l'on veut obtenir une belle couleur brune, on peut ajouter du carbonate ou bicarbonate de sodium (de la poudre à lever « chimique ») pour obtenir un pH neutre ou basique ($pH > 6$).

Attention, ne confondez pas brunissement par réaction de Maillard et formation de caramel, qui est une polymérisation d'oses (fructose notamment).

LES PETITS TESTS À EFFECTUER AVANT DE SUBSTITUER UN INGRÉDIENT DANS VOS RECETTES

Quand vous substituez, avant de vous lancer dans votre recette de substitution, faites des essais. De l'huile, de l'eau et la protéine de substitution. Battez au fouet et observez la stabilité de l'émulsion.

Pour obtenir un gel, dissolvez votre poudre de protéine (débutez avec une teneur en protéine assez forte, par exemple 40 g/l), versez le mélange protéine, chauffez doucement dans une casserole avec un thermomètre et notez la température de début de gel. Cela vous permettra d'ajuster temps et température de cuisson. Pour être plus précis sur l'analyse de la capacité à gélifier à la cuisson, utilisez une série de verres étroits résistants à la chaleur (verrines), placez-les dans un bain-marie, faites chauffer et suivez la température. Tous les 5 °C à partir de 60 °C, retournez un verre comme le montre la figure suivante. Notez la température quand la suspension protéine ne coule plus vraiment (début de transition sol-gel).

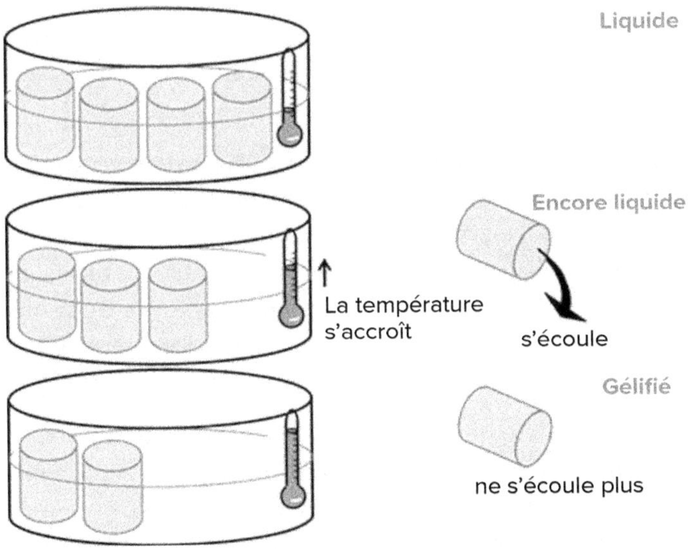

Test de gélification

La concentration en protéine pour obtenir un gel et la température pour faire gélifier varient d'une source de protéine à l'autre.

Tout d'abord, un point important : remplacer un produit par un autre modifie nécessairement l'aspect du plat ou du dessert. Ne cherchez pas à reproduire mais à vous approcher, avec des différences assumées dans vos produits. Reprenons l'ordre du paragraphe ci-dessus « Les fonctions culinaires des protéines » et l'ordre réglementaire de présentation des allergènes majeurs (ordre du livre).

Les émulsions – sauces sans allergène

Centrons notre propos sur l'aptitude à la stabilisation des émulsions. Les roux, les sauces béarnaise et hollandaise sont des sauces liées. Cela signifie qu'on peut les classer sur le plan scientifique dans les émulsions gélifiées (voir § sur les « Gels »).

Le **gluten** est présent dans la farine et se retrouve donc dans toutes les sauces liées et les **roux** à base d'amidon. L'amidon est l'agent épaississant des roux blancs, blonds ou bruns. La stabilité de l'émulsion est due aux tensioactifs naturels du lait, phospholipides et protéines de **lait**. Il est possible de remplacer le beurre par de l'huile, mais il manque alors les émulsifiants (les protéines).

Imaginons une sauce blanche ou une sauce béchamel sans beurre (pas de protéines de **lait**), ni lait (pour la béchamel), ni farine de blé (pas de **gluten**) ! Faisons une sauce **béchamel** à l'huile d'olive. À l'huile, on peut ajouter de la fécule de pomme de terre ou de la farine de maïs (Maïzena) et pour stabiliser l'émulsion, un peu de gélatine en poudre. Il faut alors faire son roux en ajoutant de l'eau sous agitation et en chauffant. Si la sauce doit être servie froide (sous 30 °C), la gélatine ajoutée sera à une concentration inférieure au seuil de gélification, c'est-à-dire de telle sorte que la concentration finale dans la sauce ne dépasse pas 1 g de gélatine pour 100 g de roux en final (pour 40 g de fécule, 30 g d'huile, on ajoutera 0,5 g de gélatine avec environ ½ L d'eau ajoutée au final). On peut aussi utiliser du « lait » de soja en remplacement du lait de vache.

Prenons maintenant le cas de la **mayonnaise**. Pour remplacer l'œuf, il faut trouver un bon émulsifiant. On peut choisir du lait car les protéines de lait sont de très bons émulsifiants. Pour assurer une plus grande stabilité de la mayonnaise, on peut épaissir la phase aqueuse avec de l'amidon. Concrètement, il faut disperser de l'amidon de maïs dans du lait chaud (éventuellement du lait concentré non sucré) puis mélanger la moutarde et enfin monter cette pseudo-mayonnaise en ajoutant doucement votre huile. Le lait et l'huile émulsionnés au batteur électrique permettent l'obtention d'une mayonnaise sans œuf qui se tient très bien dans une assiette fraîche. On peut même supprimer la **moutarde** : il vous faudra des œufs ou du lait à température ambiante et une huile froide. Pensez à éviter les huiles d'**arachide** ou de **soja**. Il existe des moutardes sans **sulfites** : ce sont généralement des moutardes « Bio ». Leur couleur est jaune-brun et non jaune fluorescent car les sulfites ont pour rôle d'éviter le brunissement de la moutarde. La **sauce tartare** sans œuf se préparera avec une mayonnaise sans œufs relevée de ciboulette, persil, cerfeuil, estragon, câpres et cornichons et d'une pointe de piment. La mayonnaise devrait être moins jaune sans œuf mais l'usage d'une huile très jaune comme l'huile de colza suffit à obtenir une mayonnaise d'un beau jaune soutenu. La **couleur jaune** provient d'un caroténoïde contenu dans **l'œuf**, la lutéine (voir le texte sur la coloration par mélange ou à la cuisson). Pour cette couleur jaune, on peut ajouter aussi une pointe de curcuma ou de safran, si les notes aromatiques de ces aromates ne gênent pas trop.

L'AÏOLI

C'est une émulsion d'huile d'olive et d'ail qui ne contient pas d'œuf dans la recette traditionnelle... Les tensioactifs se trouvent dans la purée d'ail. N'ajoutez rien ! Outre l'œuf ajouté parfois et qui facilite l'émulsification, on ajoute parfois une pomme de terre cuite (amidon sans gluten) et écrasée dans certaines recettes, ce qui stabilise fortement la sauce.

Étudions maintenant deux autres émulsions souvent rencontrées en cuisine, la sauce béarnaise et la sauce hollandaise. La béarnaise est une émulsion chaude à base de beurre clarifié (produit du lait), de jaune d'œuf, d'échalote, d'estragon et/ou de cerfeuil et éventuellement de vin blanc (sans sulfite ajouté à la vinification ; vin en biodynamique souvent), gélifié sous agitation permanente. Après la réduction d'échalote, d'ail, d'estragon et de vinaigre, il s'agit d'épaissir (en réalité de gélifier sous agitation) ce jus aromatique. On peut remplacer le jaune d'œuf par un amidon, le beurre par de l'huile de colza. La réduction sera épaissie par exemple avec de l'amidon de maïs ou de la fécule de pomme de terre, assouplie par de l'huile et non du beurre et colorée au final par du curcuma ou du safran. La sauce hollandaise est une émulsion du même type que la béarnaise en plus simple : c'est une émulsion chaude de jus de citron et de beurre, quelquefois clarifié, dans laquelle le jaune d'œuf sert d'agent émulsifiant. On peut remplacer l'œuf par de l'amidon avec une matière colorante jaune.

Partons sur les desserts et leurs sauces aux œufs : la crème anglaise et toutes ses déclinaisons. Du lait, des œufs, du sucre, rien de plus simple… et de la patience (cuisson en fouettant très longtemps à feu très réduit). Imaginons une crème anglaise sans lactose d'abord. Il existe maintenant des laits à faible teneur en lactose, dit lait sans lactose (Matin Léger® de Lactel, lait MinusL®, Délactolait® ou GrandLait léger et digeste® de Candia, Lait sans lactose® de Heirler). On peut choisir de supprimer le lait pour raison d'allergie aux protéines de lait : on peut alors faire bouillir du tonyu (« lait » de soja) avec une gousse de vanille comme on le ferait avec du lait, puis ajouter ce « lait » de soja chaud aromatisé sur les œufs tout en fouettant. Si l'on veut une crème anglaise sans œuf, alors à nouveau, il ne reste que l'amidon pour obtenir ce gel « fluide » que seuls des œufs chauffés et fouettés permettent d'obtenir. Limitez-vous dans la quantité d'amidon ajouté au tonyu chaud et préférez plutôt l'amidon de maïs ou la fécule de pomme de terre. Si vous avez accès à des ingrédients alimentaires, choisissez l'amidon de maïs cireux qui ne gélifie pas mais épaissit votre préparation. La coloration en jaune s'obtiendra avec de la curcumine ou un colorant alimentaire.

Les mousses sans allergènes

Comme nous vous l'avions indiqué précédemment, pour stabiliser une mousse, il faut un agent tensioactif qui se place à l'interface air-eau, c'est-à-dire autour des bulles de la mousse aqueuse liquide. Les protéines sont des agents tensioactifs mais toutes les protéines ne permettent pas une mousse stable. Les protéines de blanc d'œuf sont de loin les championnes toutes catégories. Ne soyons pas innocents ou utopiques, il est difficile de remplacer l'œuf pour obtenir une belle mousse aqueuse. Et l'on ne fait pas de mousse aqueuse sans protéine. Donc, hormis les mousses grasses, les mousses contiennent toujours une protéine.

Les mousses aqueuses

Mousse au chocolat sans blanc d'œuf

La mousse au chocolat est une mousse grasse basée sur une mousse aqueuse au départ ! On incorpore effectivement le chocolat fondu (masse grasse) à une mousse de blanc d'œuf (mousse liquide aqueuse). En refroidissant, le chocolat se cristallise et maintient durablement l'empreinte de la mousse de blanc d'œuf.

On peut envisager de stabiliser la mousse au refroidissement par une autre approche.

La **gélatine**, seule protéine à gélifier à froid, est utilisée dans des préparations foisonnées comme dans la fabrication de bonbons moelleux type marshmallows. La gélatine est une protéine et son aptitude à stabiliser une mousse est assez bonne. Il existe de nombreuses variétés de gélatine :

- gélatines A ou B (issues d'un procédé par extraction en milieu acide ou basique) ;
- avec différentes forces Bloom (plus la valeur indiquée en force Bloom est importante, plus le gel sera ferme au refroidissement[1]) ;
- provenant de différents animaux (le point de gélification dépend de l'animal d'origine : bœuf, autour de 25 °C ; porc 26-27 °C ;

1 Le terme « Bloom » désigne officiellement la force en gelée d'une gélatine. La force Bloom est la masse (en gramme) nécessaire pour enfoncer de 4 mm la surface de la gélatine avec un mobile (dimension : piston de diamètre 12,7 mm). La concentration de la gélatine est de 6,67 % d'un gel pris à 10 °C durant 16 h. Ce terme « Bloom » provient du nom de l'inventeur américain Oscar T. Bloom qui inventa un appareil pour mesurer la capacité de la gélatine à faire des gels fermes, le Bloom Gelometer.

poisson autour de 19 °C ; idem pour le point de fonte quand le gel est formé : autour de 30 °C pour le bœuf, autour de 34 °C pour le porc, de 18 à 24 °C pour le poisson... [93, 94]).

Pour réaliser une mousse au chocolat à l'aide de gélatine, il faut fabriquer la mousse par battage de la solution chaude de gélatine. Pour cela, réhydrater 1 à 2 feuilles de gélatine (2 à 4 g ; 200 à 225 de force Bloom) dans 15 cl d'eau chaude, pour arriver à un équivalent en volume de 4 blancs d'œuf. Ajoutez 2 cuillères à soupe de sucre. Foisonnez ensuite la solution chaude de gélatine, comme vous le feriez avec un blanc d'œuf. La mousse de gélatine sera formée de toutes petites bulles mais vous n'obtiendrez pas de traces de batteur comme avec une mousse de blanc d'œuf ferme. Plus on dissoudra de gélatine plus belle sera la mousse, mais plus ferme sera le produit final (sorte de bavarois au chocolat peu agréable). Plus vous battrez longtemps, plus les bulles seront fines, et plus la mousse sera stable. Un siphon chauffé dans de l'eau chaude pourra aussi permettre l'obtention de la mousse. Veillez à ce que la mousse ne refroidisse pas trop pour incorporer le chocolat fondu à une température d'environ 40 à 45 °C. Si la mousse de gélatine a gélifié, le chocolat fondu la fera refondre. L'incorporation du chocolat est encore plus délicate qu'avec la mousse de blanc d'œuf. La mousse de blanc d'œuf est en fait déjà gélifiée durant le battage. Elle durcit par dénaturation de surface air/eau des protéines et par énergie mécanique/échauffement local. Quand on ajoute le chocolat chaud à la mousse de blanc d'œuf, on provoque la gélification des protéines de blanc d'œuf. La mousse de gélatine est en revanche très fragile. Quand on ajoute le chocolat chaud à la mousse de gélatine, il fait refondre les protéines de gélatine en surface de la mousse ! Dans tous les cas, l'ajout du chocolat à la mousse déstabilise une partie de la mousse. Enfin, vous pouvez placer votre la mousse en cellule de refroidissement (ou en réfrigérateur pour la cuisine de tous les jours). Vous obtiendrez après refroidissement non seulement une cristallisation du chocolat autour des bulles, comme pour la mousse de blanc d'œuf, mais en plus une gélification de la gélatine, ce qui conduit à une texture plus élastique et à un goût de chocolat moins prononcé, à une mousse moins aérée.

On peut également ajouter du lait chaud ou du « lait » de soja chaud pour disperser le chocolat. En effet, le chocolat étant une matière grasse, les protéines de lait servent d'agents émulsifiants. On peut ajouter ou non de la gélatine, puis incorporer ce mélange chocolaté dans une crème de vache ou de coco froide montée en crème fouettée.

Il semble que l'addition d'un peu de poudre de lait à de la gélatine [95] améliore nettement la capacité foisonnante et la stabilité de la mousse (mélange de poudre lait et de gélatine en poudre ou en feuille, 1 pour 1). Pour faire foisonner la solution de gélatine efficacement et afin d'éviter la présence de lactose (intolérance) ou de protéines de lait (allergie), on peut aussi ajouter de la poudre de protéine de soja (Biosoy instant de la marque Soy, ou Now Real Food aux États-Unis, par exemple).

En revanche, **ne vous avisez pas de remplacer la gélatine par de l'agar**. L'agar est un polyoside (famille de glucides) ; il ne possède pas d'activité de foisonnement (ou fort peu ; les impuretés présentes peuvent avoir un petit rôle dans le léger foisonnement).

Meringue

La meringue est une mousse solide issue de la gélification puis du séchage d'une mousse liquide de blanc d'œuf. En général, les blancs d'œuf sucrés sont battus d'abord à petite vitesse puis à grande vitesse avec un batteur électrique jusqu'à ce que les blancs « dessinent » le passage des fouets. La mousse de blanc d'œuf est ensuite placée en four modérément chaud (140 °C) où il s'opérera une gélification de protéines de blanc d'œuf à la chaleur (thermo-dénaturation des protéines de blanc d'œuf qui entraîne une polymérisation des protéines dans tout l'espace autour des bulles et donc une gélification) puis un séchage de la mousse gélifiée quand on poursuit la cuisson. Notez que l'utilisation de poudre de blanc d'œuf réhydratée ne donne pas la même mousse que du blanc d'œuf liquide car le séchage en usine a dénaturé les protéines (perte de structure native et donc d'aptitude à la dénaturation) : pour stabiliser une mousse, il faut que les protéines puissent se dénaturer à l'interface air-eau.

Il est possible de remplacer les protéines de blancs d'œuf par des protéines de lactosérum (petit lait). Les protéines de lactosérum ou protéines sériques de lait ne se trouvent pas dans le commerce habituel ni chez votre grossiste. Elles sont pourtant en vente dans l'industrie... Il faudra vous fournir directement chez l'industriel. Préférez des WPI low-heat (procédé de séchage peu dénaturant où le chauffage sévère est limité), des isolats de protéines natives de lactosérum qui ont maintenu leurs aptitudes fonctionnelles (aptitude au foisonnement en l'occurrence). Les entreprises qui produisent des poudres de protéines de lactosérum (WPI pour *Whey Protein Isolate* ou WPC pour *Whey Protein Concentrate*) sont, par exemple, les sociétés Ingredia (Prodiet 90S), Lactalis (Prolacta 95), Armor Protéines (Oragel™ HG 80), Eurosérum (SicaCook 811).

Ces protéines de lactosérum forment des mousses fines au battage. La mousse est moins fine qu'avec des protéines d'œuf[96]. Cependant, leur résistance à la dénaturation par battage est plus élevée que les protéines de blanc d'œuf. On obtient des mousses qui ne « durcissent » pas au battage (en fait, le blanc d'œuf foisonné gélifie par battage, ce qui stabilise la mousse). Comme indiqué dans le chapitre suivant sur les gels, il y a 10 à 15 °C d'écart entre la température de début de gélification du blanc d'œuf et celle de la solution d'isolat de protéine de lactosérum. Pour cuire une meringue, il faut utiliser un four modérément chaud (120 °C, 30 minutes à 1 heure de cuisson) afin d'éviter l'éclatement des bulles par augmentation de la chaleur car l'eau, en se vaporisant, fait éclater les bulles et afin de provoquer la gélification des protéines autour des bulles avant la vaporisation de l'eau. Avec les protéines de lactosérum (20 g/l à 30 g/l : le blanc d'œuf est à 11 g/l de protéine ; on ajoute 250 g de sucre pour 120 ml de solution d'isolat de protéines sériques ou pour 4 blancs d'œuf), préférez un four encore moins chaud (95 °C) et allongez les durées de cuisson (1 h à 2 h) afin d'éviter l'effondrement de la mousse avant gélification des protéines.

Il semble que seuls les isolats de protéines de lactosérum (lait) permettent de faire des meringues en remplacement du blanc d'œuf. Les autres protéines vendues par l'industrie alimentaire comme les protéines de pois, de soja, de riz, ne permettent pas (actuellement) l'obtention d'une meringue [97]. Le rôle du sucre n'est pas le même selon qu'il s'agit de protéines de blanc d'œuf ou de protéines de lactosérum [98] : le sucre aide à la stabilité de la mousse humide (après battage et avant cuisson), mais l'ajout de sucre n'offre aucun avantage de stabilité de la mousse à la cuisson (meringue, gâteau aéré).

Génoise

La génoise traditionnelle est une mousse de blanc d'œuf sucrée dans laquelle on ajoute de la farine et des jaunes d'œufs. Pour une génoise sans œuf ou des Angel food cakes, on peut remplacer le blanc d'œuf par des protéines de lactosérum (WPI, *Whey Protein Isolate*) : on prépare une mousse à partir des isolats de protéines sériques (lait) solubilisées puis on ajoute à cette mousse de la farine et une pointe d'huile de colza ou du curcuma pour la couleur jaune. On place ensuite la génoise au four à 180 °C comme une génoise classique. Attendez-vous tout de même à ce que la génoise sans œuf soit moins belle qu'une génoise à l'œuf.

Les mousses grasses

Il existe une autre famille de mousse, les mousses grasses, comme la crème fouettée ou chantilly. Dans ce cas, la mousse est stabilisée par une partie de la matière grasse qui cristallise autour des bulles d'air, faisant l'interface entre l'eau et l'air. La matière enrobe les bulles d'air. Il faut donc que la matière grasse cristallise à basse température. Plus il y a de matière sous forme solide, plus la matière grasse sera cohésive à l'interface air-eau, et meilleure sera la mousse[99]. D'une part, il faut une température basse, d'autre part il faut des matières grasses à haut point de fusion, riches en résidus d'acides gras saturés. On fouettera donc la crème froide en sortie du réfrigérateur. Un court séjour à –4 °C peut aider à bien réfrigérer la crème mais il faut veiller à ne pas congeler l'eau contenue dans la crème.

La crème de coco peut permettre d'obtenir une chantilly sans crème laitière, mais votre chantilly sera moins expansée et moins ferme. Évitez la crème de soja, trop pauvre en matière grasse saturée (à peine 10 % d'acide gras saturés) et préférez la crème de coco plus riche en matière grasse à haut de point de fusion (90 % des acides gras sont saturés) : plus la chaîne carbonée des acides gras saturés est longue, plus son point de fusion est élevé, et plus stable sera la mousse. Fabriquez-la au dernier moment car elle est un peu moins stable qu'une chantilly à la crème de vache. Si vous étudiez le tableau ci-après, vous verrez que la composition en résidus d'acides gras à haut point de fusion (C18:0 ; C16:0) est plus faible pour la crème de coco (huile de coprah ou huile de noix de coco) que pour la crème laitière. Cependant la crème laitière contient aussi plus de matière grasse à bas point de fusion (résidus d'acides gras insaturés C18:1 et C18:2).

Comparaison de la composition en résidus d'acides gras des matières grasses des crèmes de vache et de coco (coprah)

Point de fusion	Haut point de fusion > 37 °C				37 °C > inter-médiaire > 10 °C		Bas point de fusion < 10 °C		
Acide gras	C18:0	C16:0	C14:0	C12:0	C10:0	C8:0	C18:1	C4:0	C18:2
Crème laitière	10	21,7	7,4	2,6	2,5	1,1	20	4,3	2,7
Crème de coco	2,8	8,2	16,8	44,6	6	7,5	5,8	0	1,8

La cristallisation de la matière grasse laitière est presque complète à 5-6 °C, mais l'huile de coco (coprah), malgré une composition différente de la crème laitière, est de même presque totalement cristallisée [100]. Le coprah fond complétement entre 20 et 28 °C, le beurre vers 30 °C. La crème de coco est un bon succédané de la crème de vache pour la chantilly. L'ajout de traces de protéine de soja (un peu de lait de soja) peut améliorer un peu le foisonnement pour l'obtention d'une chantilly de coco.

En cas d'**intolérance au lactose** (et non pas d'allergie aux protéines de lait), vous pouvez utiliser des **crèmes laitières sans lactose**, celles des marques suivantes : MinusL® (33 % de matière grasse), Natrel® ou Lactantia® (crème à fouetter à 35 % de matière grasse), Lactose free Liddells.

Les gels sans allergènes

La gélification durant le chauffage

L'œuf. Les protéines d'œuf sont des agents de gélification exceptionnels. L'œuf à la poêle, l'omelette sont des gels. Ces protéines sont difficiles à remplacer parfaitement dans les préparations alimentaires. On peut néanmoins utiliser des protéines de lactosérum (petit lait) qui gélifient bien au chauffage et donnent des gels de couleur blanche. La température de thermodénaturation de la

β-lactoglobuline (protéine majeure du lactosérum) est plus élevée que la température de thermodénaturation de l'ovalbumine (protéine majeure du blanc d'œuf). Les protéines de lactosérum gélifient à des températures légèrement supérieures à celles des protéines d'œuf : proche de 80 °C pour les protéines de lactosérum [101] contre 65 °C pour des protéines de blanc d'œuf [102]. En effet, les protéines de lactosérum se dénaturent à la température clairement à partir 73 °C [103] (pic de dénaturation de la protéine majoritaire, la β-lactoglobuline, qui commande la gélification des lactosérums) alors que la première des protéines d'œuf qui se dénature le fait à une température proche de 56 °C (c'est sans doute la conalbumine qui se dénature la première) et entraîne la dénaturation des autres protéines d'œuf notamment la protéine majoritaire, l'ovalbumine (pic de dénaturation autour de 82 °C) [104]. Cette différence de température de gélification devra être prise en compte dans la durée de chauffage de votre plat. Les protéines de lactosérum sont plus difficiles à trouver sur le marché. On trouve des poudres de protéines sériques de lait en vente dans l'industrie, mais pas nécessairement chez les grossistes. On peut en trouver dans les magasins de sport à destination des culturistes... Vous devez acheter des poudres de lactosérum dite « natives » (*Low-Heat Whey Protein*) car sinon cela ne gélifierait pas.

Prenons, par exemple, le flan de légumes ou le pâté de légumes, sans œufs. On remplacera aisément le blanc d'œuf par des isolats de protéines de lactosérum redissoutes dans de l'eau (40 g/l environ). Vous obtiendrez un pâté végétal, parfaitement gélifié, de même aspect que celui obtenu avec du blanc d'œuf.

Les terrines ou pâtés de viande sont des gels de viande et d'œuf souvent riches en matière grasse. La matière grasse émulsifiée facilite la gélification (« gel rempli »). À nouveau, les protéines d'œufs peuvent être remplacées dans la mêlée par des protéines sériques de lait (protéines de lactosérum). Dans le cas des rillettes, c'est la matière grasse solide dans laquelle est dispersée la viande qui donne sa texture semi-solide ; ce n'est pas un gel de protéine.

De même, il est possible de faire des crêpes sans œuf en remplaçant les œufs battus par une solution de protéines de lactosérum à 30 ou 40 g/l. On peut même se passer des protéines sériques de lait car l'amidon gélifie très bien au chauffage. On peut ainsi ajouter un peu de farine de maïs à la farine dissoute dans le lait de vache ou le lait de soja. Les crêpes seront plus fragiles cependant, moins souples qu'avec des protéines d'œuf ou de lactosérum. L'huile de colza ajoutée à la pâte lui donnera une couleur jaune.

Omelette vegan (végétalienne). Mélangez du tofu soyeux (150 g), de l'amidon de maïs (une cuillère à café), 2 cuillères à soupe d'houmous (purée de pois chiche), un peu de sel, de poivre, et une petite cuillère d'huile de colza pour la couleur jaune, faites cuire à la poêle. Vous obtenez une omelette sans œuf, moins cohérente qu'une vraie omelette. On peut aussi le faire avec des protéines sériques de lait mais cela ressemblera plus à un flan… On trouve aussi sur les marchés allemand et anglais des pré-mix sans protéines de lait, ni de soja, ni d'œuf pour obtenir des « *egg free omelet* » ou « *Eigfrei Omelet* » sans gluten : il s'agit d'un mélange d'amidon de pomme de terre, de tapioca (pour obtenir le gel), de farine de pois chiche, de flocons d'avoine, d'huile de colza (couleur jaune), de flocons de levure sèche, de bicarbonate, de Kale Nimak (sel de roche, condiment utilisé en Asie du Sud), de curcuma (couleur jaune) et de xanthane (polyoside épaississant). Dans cette omelette végétalienne issue du pré-mix Vegamigo®, l'apport protéique provient des pois chiche, de l'avoine et des levures.

Le lait dans le cas de recettes à base de gel laitier : yaourt, fromage, ricotta...

En cas d'allergie aux protéines de lait, vous remplacerez ces gels laitiers par du tofu soyeux finement écrasé (remplacement du yaourt ou fromage blanc) ou par du tofu ferme mixé en présence d'un peu de crème de soja (remplacement du fromage frais ou de la ricotta).

Il est plus difficile de remplacer le fromage dans des plats gratinés car il faut trouver un substitut qui fond à la chaleur et qui apporte du filant ! Il existe sur le marché Vegan (végétalien) des « fromages » fondants sans lait. La marque Cheezly® (Redwood Wholefood Coporate, UK), par exemple, propose un succédané d'Edam ou de mozzarella qui fond à la chaleur. Ce produit est fabriqué à base de tofu, de protéines de soja, de matière grasse végétale, d'amidon de riz, de polyosides gélifiants tels que le carraghénane et d'épaississant tel que la caroube. La société Cargill® vend une préparation pour pizza sans protéine de lait et à base d'amidon et polyosides ainsi que de matières grasses et d'émulsifiants type mono- et diacylglycérols : cette préparation est fort décriée sur Internet et dans la presse... et pourtant elle apporte une solution pour ceux qui sont allergiques aux protéines de lait.

Poissons, crustacés... nous mangeons des muscles cuits, qui sont des gels. La cuisine des végétariens peut offrir des solutions de remplacement. La société Gardein® (contraction de Garden & Protein) au Canada et aux États-Unis propose *des fishless ou crabless cakes and filets* (type filets de poisson ou acras type morue ou crabe, sans crabe et sans poisson) au goût de poisson ou de crabe, avec une texture qui s'apparente à la texture que vous pourriez trouver dans des acras ou les filets de poisson panés. Il s'agit de gluten et de soja texturé, en présence d'amidon et d'un peu de méthylcellulose. Ce produit mime la texture de la chair de crabe ou de poisson, et contient des arômes proches de ceux du crabe ou du poisson. Pour les allergiques aux poissons ou aux crustacés, ce peut être une solution, mais pas pour ceux qui sont allergiques au soja ou au gluten.

La gélification durant le refroidissement

La seule protéine qui gélifie au refroidissement est la gélatine. Cette protéine ne fait pas partie des allergènes majeurs, sauf quand la gélatine provient du poisson (traces possibles de protéines de chair de poisson). Son seul inconvénient réside dans la difficulté à savoir s'il s'agit de gélatine de porc ou de bœuf face aux interdits religieux.

Une panacotta sans gélatine (sans protéine)

Il est possible de remplacer la gélatine par de l'agar. L'agar est un polyoside (famille de glucide). Si la gélatine gélifie et fond entre 20 et 30 °C, l'agar fond autour de 75 °C ! Contrairement à la gélatine, l'agar ne fond donc pas en bouche, ce qui intervient dans la perception sensorielle des gels. L'agar gélifie à 45-50 °C [105], c'est-à-dire très vite au refroidissement d'une solution d'agar dissous dans de l'eau bouillante. Pour des fermetés de gel voisines, il faut environ 0,2 à 0,4 % d'agar pour un équivalent de gélatine à 1,5 % (très variable selon l'agar et la gélatine utilisés).

LEXIQUE

Français	Anglais	Allemand	Espagnol
Allergie Allergie alimentaire	Allergy Food allergy	Allergie Nahrungsallergie	Alergia Alergia alimentaria
Intolérance	Intolerance	Unverträglichkeite	Intolerancia
Céréales contenant du gluten : blé, seigle, orge, avoine, épeautre, kamut	Cereals containing gluten : wheat, rye, barley, oats, spelt, kamut	Glutenhaltiges Getreide : Weizen, Roggen, Gerste, Hafer, Dinkel, Kamut	Cereales que contengan gluten : trigo, centeno, cebada, avena, espelta, kamut
Crustacés	Crustaceans shellfish	Krebstiere Meeresfrüchte Schalentiere	Crustáceos
Œufs	Eggs	Eier	Huevos
Poissons	Fish	Fische	Pescado
Arachides	Peanuts	Erdnüsse	Cacahuetes
Soja	Soybeans Soya	Soja	Soja
Lait Lactose	Milk Lactose	Milch Laktose	Leche Lactosa

Français	Anglais	Allemand	Espagnol
Fruits à coque : amandes, noisettes, noix, noix de cajou, noix de pécan, noix du Brésil, pistaches, noix de macadamia ou du Queensland	Nuts : almonds, hazelnuts, walnuts, cashews, pecan nuts, Brazil nuts, pistachio nuts, macadamia or Queensland nuts	Schalenfrüchte : Mandeln, Haselnüsse, Walnüsse, Kaschunüsse, Pecannüsse, Paranüsse, Pistazien, Macadamia- oder Queenslandnüsse	Frutos de cáscara: almendras, avellanas, nueces, anacardos, nueces de Brasil, alfóncigos, nueces macadamia o nueces de Australia
Céléri	Celery	Sellerie	Apio
Moutarde	Mustard	Senf	Mostaza
Graines de sésame	Sesame seeds	Sesamsamen	Granos de sésamo
Anhydride sulfureux Sulfites	Sulphur dioxide Sulphites	Schwefeldioxid Sulphite	Dióxido de azufre sulfitos
Lupin	Lupin	Lupinen	Altramuces
Mollusques	Molluscs	Weichtiere	Moluscos

RÉFÉRENCES BIBLIOGRAPHIQUES

1. Dubuisson, C., La Vieille S., Martin A. *Allergies alimentaires: état des lieux et propositions d'orientations.* 2002: AFSSA. 104.
2. Burney, P.G.J., et al. *The prevalence and distribution of food sensitization in European adults.* Allergy, 2014. 69(3): p. 365-371.
3. Astier, C., et al. *First case report of anaphylaxis to quinoa, a novel food in France.* Allergy, 2009. 64(5): p. 819-820.
4. l'Alimentation, C.N.d. Comment mieux cerner et satisfaire les besoins des personnes intolérantes ou allergiques à certains aliments ? 2010. p. 58.
5. l'Alimentation, C.N.d. Comment mieux cerner et satisfaire les besoins des personnes intolérantes ou allergiques à certains aliments ? 2010.
6. Verhoeckx, K.C.M., et al. *Food processing and allergenicity.* Food and Chemical Toxicology, 2015. 80(0): p. 223-240.
7. Radauer, C., et al. Update of the WHO/IUIS Allergen Nomenclature Database based on analysis of allergen sequences. Allergy, 2014. 69(4): p. 413-419.
8. Moneret-Vautrin, D.A., Kenny G., Morisset M. Les allergies alimentaires de l'enfant et de l'adulte. Abrégés de médecine. 2006: Masson. 155.
9. EUFIC. L'allergie et l'intolérance alimentaire. Les notions de base 06/2006 20 avril 2015 [cited 2015 21 avril 2015]; Available from: http://www.eufic.org/article/fr/expid/basics-allergie-intolerance-alimentaire/.

10. Scherf, K.A., Koehler P., Wieser H. Gluten and wheat sensitivities – An overview. Journal of Cereal Science.
11. Feillet, P. Le grain de blé : composition et utilisation. 2000, Versailles : Éditions QUAE. 308.
12. Ancellin, R., et al. Allergies alimentaires : Connaissances, clinique et prévention. AFSSA. 2004.
13. Corazza, G.R., Gasbarrini G. *Coeliac disease in adults.* Baillière's Clinical Gastroenterology, 1995. 9(2): p. 329-350.
14. Plus, M. *www.metrodb.ca/document/document_nouvelle_193.pdf*
15. Bjorg. *www.bjorg.fr/biblio/dossiers/gluten,38.html.*
16. Rona, R.J., et al. *The prevalence of food allergy: A meta-analysis.* Journal of Allergy and Clinical Immunology, 2007. 120(3): p. 638-646.
17. Rolla, G., et al. *Incidence of food anaphylaxis in Piemonte region (Italy): data from registry of Center for Severe Allergic Reactions.* Internal and Emergency Medicine, 2013. 8(7): p. 615-620.
18. Gerez, I.F.A., et al. *Clinical Characteristics of Prawn Allergy in an Asian Population.* Journal of Allergy and Clinical Immunology, 2012. 129(2): p. AB170-AB170.
19. Crespo, J.F., et al. *Frequency of food allergy in a pediatric population from Spain.* Pediatric Allergy and Immunology, 1995. 6(1): p. 39-43.
20. Lee, A.J., et al. *Shellfish allergy – an Asia-Pacific perspective.* Asian Pacific Journal Of Allergy And Immunology, 2012. 30(1): p. 3-10.
21. Park, M., et al. P*revalence of Immediate-Type Food Allergy in Early Childhood in Seoul.* Allergy, Asthma & Immunology Research, 2014. 6(2): p. 131-136.
22. Ross, M.P., et al. *Analysis of food-allergic and anaphylactic events in the National Electronic Injury Surveillance System.* Journal of Allergy and Clinical Immunology, 2008. 121(1): p. 166-171.
23. Shimakura, K., et al. *Allergenicity of crustacean extractives and its reduction by protease digestion.* Food Chemistry, 2005. 91(2): p. 247-253.
24. Cancelliere, N., et al. *Crustacean Allergy: A New Allergen Inside Cephalothorax?* Journal of Allergy and Clinical Immunology, 2012. 129(2): p. AB169-AB169.
25. Regier, J.C., et al., *Arthropod relationships revealed by phylogenomic analysis of nuclear protein-coding sequences.* Nature, 2010. 463(7284): p. 1079-1083.

26. Kutting, B., Brehler R. *Reflections on clinical relevance of cross-reactivity between house dust mite, molluscs and crustacean.* Allergologie, 2002. 25(6): p. 321-325.
27. Gámez, C., et al. *New shrimp IgE-binding proteins involved in mite-seafood cross-reactivity.* Molecular Nutrition & Food Research, 2014. 58(9): p. 1915-1925.
28. Barre, A., et al., *Entomophagie et risque allergique.* Revue Française d'Allergologie, 2014. 54(4): p. 315-321.
29. Kamath, S.D., et al. *Impact of heat processing on the detection of the major shellfish allergen tropomyosin in crustaceans and molluscs using specific monoclonal antibodies.* Food Chemistry, 2013. 141(4): p. 4031-4039.
30. Vuitton, D.A., et al. *Cross-reactivity between terrestrial snails (Helix species) and house-dust mite (Dermatophagoides pteronyssinus). I. In vivo study.* Allergy, 1998. 53(2): p. 144-150.
31. Guilloux, L., et al. *Cross-reactivity between terrestrial snails (Helix species) and house-dust mite (Dermatophagoides pteronyssinus). II. In vitro study.* Allergy, 1998. 53(2): p. 151-158.
32. Torres Borrego, J., Martínez Cuevas J.F., Tejero García J. *Reactividad cruzada entre pescados y mariscos.* Allergologia et Immunopathologia, 2003. 31(3): p. 146-151.
33. Motoyama, K., et al. *Cephalopod tropomyosins: Identification as major allergens and molecular cloning.* Food and Chemical Toxicology, 2006. 44(12): p. 1997-2002.
34. Steinman, H.A., *"Hidden" allergens in foods.* Journal of Allergy and Clinical Immunology, 1996. 98(2): p. 241-250.
35. Shahidi, F., Metusalach J., Brown J.A. *Carotenoid pigments in seafoods and aquaculture.* Critical Reviews in Food Science and Nutrition, 1998. 38(1): p. 1-67.
36. Baek, H.H., Cadwallader K.R. *Character-impact aroma compounds of crustaceans*, in *Flavor and Lipid Chemistry of Seafoods*, F. Shahidi and K.R. Cadwallader, Editors. 1997. p. 85-94.
37. sciences, E.d. *www.espace-sciences.org/archives/comment-les-oeufs-de-poule-se-forment-ils.*
38. Rance, F., Grandmottet X., Grandjean H. *Prevalence and main characteristics of schoolchildren diagnosed with food allergies in France.* Clin Exp Allergy, 2005. 35(2): p. 167-72.
39. Bidat, E. *www.allergienet.com/allergie-oeuf-enfant/; www.allergienet.com/arachide-conseils-allergie/*

40. Alimentaires, C.d.l.e.d.R.s.l.l.e.l.H. 13 mai 2015; Available from: www.ciriha.org; iah-diet.info/index.php/63-ciriha-fr/allergies-et-intolerances/dossier-scientifique/dossier-scientifique-l-oeuf/61-les-allergies-croisees.

41. (CICBAA), C.d.i.c.e.b.e.a.a. *www.cicbaa.com/pages_fr/section_pro/aliminter/Allergie_aux_poissons.pdf*

42. Agence nationale de sécurité sanitaire de l'alimentation, d.l.e.e.d.t.A. *https://www.anses.fr/fr/content/manger-du-poisson-pourquoi-comment*

43. alimentaires, c.d.é.e.d.v.d.a. *www.ceva.fr/fre/S-INFORMER/ALGUES-ALIMENTAIRES.*

44. Rancé, F., Dutaub G. *Panorama des allergènes alimentaires chez l'enfant en 2007.* Revue Française d'Allergologie et d'Immunologie Clinique, 2007. 47, Supplement 2(0): p. S41-S46.

45. Tan, C.P., et al. *Comparative studies of oxidative stability of edible oils by differential scanning calorimetry and oxidative stability index methods.* Food Chemistry, 2002. 76(3): p. 385-389.

46. Metrohm, *Oxidation stability of oil and fats – Rancimat method.* Application bulletin 204/2 e.

47. Yang, H., et al. *Allergenicity characteristics of germinated soybean proteins in a BALB/c mouse model.* Regulatory Toxicology and Pharmacology, 2015. 72(2): p. 249-255.

48. Gomez-Andre, S.A., et al. *Un allergène émergent : le soja.* Revue Française d'Allergologie, 2012. 52(6): p. 448-453.

49. Paupe, J., et al. *L'allergie au lait de vache du nourrisson.* Revue Française d'Allergologie et d'Immunologie Clinique, 2001. 41(4): p. 424-436.

50. Bidat, E., et al. *L'allergie au lait de chèvre ou de brebis chez l'enfant, sans allergie au lait de vache.* Revue Française d'Allergologie et d'Immunologie Clinique, 2003. 43(4): p. 273-277.

51. Maier, I., et al. *Changes in peptic digestibility of bovine β-lactoglobulin as a result of food processing studied by capillary electrophoresis and immunochemical methods.* Journal of Chromatography B, 2006. 841(1-2): p. 160-167.

52. Osterballe, M., et al. *The prevalence of food hypersensitivity in an unselected population of children and adults.* Pediatr Allergy Immunol, 2005. 16(7): p. 567-573.

53. Høst, A., Halken S. *A prospective study of cow milk allergy in Danish infants during the first 3 years of life.* Allergy, 1990. 45(8): p. 587-596.

54. Pescuma, M., et al. *Lactobacillus delbrueckii subsp. bulgaricus CRL 454 cleaves allergenic peptides of β-lactoglobulin.* Food Chemistry, 2015. 170(0): p. 407-414.
55. Dumond, P., et al. *Allergie alimentaire au lait de vache ou intolérance au lactose ?* Journal de Pédiatrie et de Puériculture, 2006. 19(7): p. 256-260.
56. Roy, D., et al. *Monitoring proteolysis and cheese juice composition during ripening of Cheddar cheese made from microfiltered milk.* Lait, 1997. 77(5): p. 521-541.
57. Park, Y.W., Haenlein G.F.W. *Overview of Milk of Non-Bovine Mammals*, in *Handbook of Milk of Non-Bovine Mammals.* 2008, Blackwell Publishing Professional. p. 3-9.
58. Herbst, R.A., Wahl R., Frosch P.J. *Specific IgE reactivity and identification of potential allergens in macadamia allergy.* Journal of the European Academy of Dermatology and Venereology, 2010. 24(11): p. 1361-1363.
59. Robert-Sullerot, I., Moneret-Vautrin D.A. *Anaphylaxie à la noix de macadamia (Macadamia integrifolia) : à propos de deux cas.* Revue Française d'Allergologie, 2013. 53(8): p. 639-641.
60. barbaragateau. *www.barbaragateau.com/2014/02/comment-remplacer-les-noix-et-arachides.html.*
61. Sowbhagya, H.B., Srinivas P., Krishnamurthy N. *Effect of enzymes on extraction of volatiles from celery seeds.* Food Chemistry, 2010. 120(1): p. 230-234.
62. Rancé, F. *www.allergienet.com/moutarde-allergie-enfant/.* 2003.
63. Canada, S. *www.hc-sc.gc.ca/fn-an/pubs/securit/2012-allergen_mustard-moutarde/index-fra.php.* 18 mai 2015.
64. Marmiton, *www.marmiton.org/magazine/plein-d-epices_graine-de-moutarde_1.aspx.* 2015.
65. épices, l.a. *ileauxepices.com/epices/41-moutarde-graine.html.* 2015.
66. Scoville, W.L. *Note on capsicums.* Journal of the American Pharmaceutical Association, 1912. 1(5): p. 453-454.
67. Wirth, E.H., Gathercoal E.N. *Report of the Scoville organoleptic method for the valuation of capsicum.* Journal of American Pharmaceutical Association, 1924. 13: p. 217-219.
68. Topuz, A., Ozdemir F. *Assessment of carotenoids, capsaicinoids and ascorbic acid composition of some selected pepper cultivars*

(Capsicum annuum L.) grown in Turkey. Journal of Food Composition and Analysis, 2007. 20(7): p. 596-602.

69. Govindarajan, V.S., et al. *Evaluation of spices and oleoresins.* Zeitschrift für Lebensmittel-Untersuchung und Forschung, 1980. 170(3): p. 200-203.
70. Agne, P.S.E., Rancé, F., Bidat, E. *Allergie au sésame.* Revue Française d'Allergologie et d'Immunologie Clinique, 2003. 43(8): p. 507-516.
71. Canada, S. *Sésame : un des dix allergènes alimentaires prioritaires.* Santé Canada.
72. chefs, a.d. 13 mai 2015]; Available from: https://www.atelierdeschefs.fr/fr/ingredients-cuisine/953-le-sesame.php.
73. Gök, V., et al. *Effect of ground poppy seed as a fat replacer on meat burgers.* Meat Science, 2011. 89(4): p. 400-404.
74. ComprendreChoisir. 13 mai 2015]; Available from: bien-etre.comprendrechoisir.com/astuce/voir/284997/proprietes-et-vertus-des-graines-de-pavot.
75. wikipedia. 13 mai 2015; Available from: fr.wikipedia.org/wiki/Pavot.
76. Nicolas, J.-F. *allergo.lyon.inserm.fr/fiches_patientes/Fiche4.pdf.* INSERM, Unité d'Immunologie Clinique et Allergologie, 2007.
77. Sergeant, P., Renaudin J.M. *www.cicbaa.com/pages_fr/regimes/sulfites.html.* 2010.
78. l'oenologie, W.-i.r.s.d.p.d. *www.winemak-in.com/fr/dossiers/344/comment-faire-du-vin-sans-sulfites.*
79. Kanny, G., Guérin L., Moneret-Vautrin D.A. *Le risque d'asthme aigu grave à la farine de lupin associé à l'allergie à l'arachide.* La Revue de Médecine Interne, 2000. 21(2): p. 191-194.
80. Martínez-Villaluenga, C., et al. *Improvement in food intake and nutritive utilization of protein from Lupinus albus var. multolupa protein isolates supplemented with ascorbic acid.* Food Chemistry, 2007. 103(3): p. 944-951.
81. Demmel, A., et al. *Detection of lupine (Lupinus spp.) DNA in processed foods using real-time PCR.* Food Control, 2011. 22(2): p. 215-220.
82. Moneret-Vautrin, D.-A., et al. *Cross-allergenicity of peanut and lupine: The risk of lupine allergy in patients allergic to peanuts.* Journal of Allergy and Clinical Immunology, 1999. 104(4): p. 883-888.
83. Sirtori, E., et al. *Cross-reactivity between peanut and lupin proteins.* Food Chemistry, 2011. 126(3): p. 902-910.

84. Fontanari, G.G., et al. *Cholesterol-lowering effect of whole lupin (Lupinus albus) seed and its protein isolate.* Food Chemistry, 2012. 132(3): p. 1521-1526.
85. Drakos, A., Doxastakis G., Kiosseoglou V. *Functional effects of lupin proteins in comminuted meat and emulsion gels.* Food Chemistry, 2007. 100(2): p. 650-655.
86. Elsamani, M.O., et al. *Biochemical, microbial and sensory evaluation of white soft cheese made from cow and lupin milk.* LWT – Food Science and Technology, 2014. 59(1): p. 553-559.
87. Dutau, G., et al. *Farines et allergie : les pièges à ne pas méconnaître.* Revue Française d'Allergologie et d'Immunologie Clinique, 2002. 42(3): p. 289-298.
88. Taylor, S.L. *Chapter 4 – Molluscan Shellfish Allergy*, in *Advances in Food and Nutrition Research*, L.T. Steve, Editor. 2008, Academic Press. p. 139-177.
89. Lopata, A.L., O'Hehir R.E., Lehrer S.B. *Shellfish allergy.* Clin Exp Allergy, 2010. 40(6): p. 850-858.
90. Taylor, S.L., et al. *Establishment of Reference Doses for residues of allergenic foods: Report of the VITAL Expert Panel.* Food and Chemical Toxicology, 2014. 63(0): p. 9-17.
91. Islam, K.M.S., Schweigert F.J. *Comparison of three spectrophotometric methods for analysis of egg yolk carotenoids.* Food Chemistry, 2015. 172: p. 233-237.
92. Flakelar, C.L., et al. *Canola (Brassica napus) oil from Australian cultivars shows promising levels of tocopherols and carotenoids, along with good oxidative stability.* Journal of Food Composition and Analysis, 2015. 42: p. 179-186.
93. Cheow, C.S., et al. *Preparation and characterisation of gelatins from the skins of sin croaker (Johnius dussumieri) and shortfin scad (Decapterus macrosoma).* Food Chemistry, 2007. 101(1): p. 386-391.
94. Cho, S.M., Gu Y.S., Kim S.B. *Extracting optimization and physical properties of yellowfin tuna (Thunnus albacares) skin gelatin compared to mammalian gelatins.* Food Hydrocolloids, 2005. 19(2): p. 221-229.
95. Martinez, M.J., et al. *Foaming and surface properties of casein glycomacropeptide – gelatin mixtures as affected by their interactions in the aqueous phase.* Food Hydrocolloids, 2013. 33(1): p. 48-57.

96. Foegeding, E.A., Luck P.J., Davis J.P. *Factors determining the physical properties of protein foams.* Food Hydrocolloids, 2006. 20(2-3): p. 284-292.
97. Abu-Ghoush, M., Herald T.J., Aramouni F.M. *Comparative study of egg white protein and egg alternatives used in an angel food cake system.* Journal of Food Processing and Preservation, 2010. 34: p. 411-425.
98. Yang, X. Foegeding E.A. *Effects of sucrose on egg white protein and whey protein isolate foams: Factors determining properties of wet and dry foams (cakes).* Food Hydrocolloids, 2010. 24(2-3): p. 227-238.
99. Truong, T., Bansal N., Bhandari B. *Effect of Emulsion Droplet Size on Foaming Properties of Milk Fat Emulsions.* Food and Bioprocess Technology, 2014. 7(12): p. 3416-3428.
100. Tan, C.P., Che Man Y.B. *Differential scanning calorimetric analysis of palm oil, palm oil based products and coconut oil: effects of scanning rate variation.* Food Chemistry, 2002. 76(1): p. 89-102.
101. Frydenberg, R.P., et al. *Protein denaturation of whey protein isolates (WPIs) induced by high intensity ultrasound during heat gelation.* Food Chemistry, 2016. 192: p. 415-423.
102. de Souza, P.M., Fernández A. *Rheological properties and protein quality of UV-C processed liquid egg products.* Food Hydrocolloids, 2013. 31(1): p. 127-134.
103. Fitzsimons, S.M., Mulvihill D.M., Morris E.R. *Denaturation and aggregation processes in thermal gelation of whey proteins resolved by differential scanning calorimetry.* Food Hydrocolloids, 2007. 21(4): p. 638-644.
104. Gomaa, A., Boye J. *Impact of irradiation and thermal processing on the immunochemical detection of milk and egg allergens in foods.* Food Research International, 2015. 74: p. 275-283.
105. Singh, S.S., Aswal V.K., Bohidar H.B. *Structural studies of agar-gelatin complex coacervates by small angle neutron scattering, rheology and differential scanning calorimetry.* International Journal of Biological Macromolecules, 2007. 41(3): p. 301-307.
106. Sapone, A., et al., *Spectrum of gluten-related disorders: consensus on new nomenclature and classification.* BMC Medicine, 2012. 10(1): p. 1-12.
107. Ludvigsson, J.F., et al., *The Oslo definitions for coeliac disease and related terms.* Gut, 2013. 62(1): p. 43-52.

INDEX

M

N

O

P

Q

R

S

T

CRÉDITS PHOTOGRAPHIQUES

Page 30 baibaz – Fotolia.com. Page 36 hg amphaiwan – Fotolia.com. Page 36 hd ValentinValkov – Fotolia.com. Page 36 bg siwaporn999 – Fotolia.com. Page 36 bd fablok – Fotolia.com. Page 38 oocoskun – Fotolia.com. Page 45 pixarno – Fotolia.com. Page 46 kolesnikov-serg – Fotolia.com. Page 54 ILYA AKINSHIN – Fotolia.com. Page 60 dreamsofts – Fotolia.com. Page 66 Vasilius – Fotolia.com. Page 72 g Gresei – Fotolia.com. Page 72 d yingthun – Fotolia.com. Page 82 cristi180884 – Fotolia.com. Page 94 Tim UR – Fotolia.com. Page 98 Diana Taliun – Fotolia.com. Page 103 photocrew – Fotolia.com. Page 105 yvdavid – Fotolia.com. Page 108 Popova Olga – Fotolia.com. Page 115 linda_vostrovska – Fotolia.com. Page 116 g lateci – Fotolia.com. Page 116 d Nishihama – Fotolia.com. Page 130 Popova Olga – Fotolia.com. Page 133 emuck – Fotolia.com. Page 134 g tunedin – Fotolia.com. Page 134 c Giuseppe Porzani – Fotolia.com. Page 134 d dasuwan – Fotolia.com. Page 150 atoss – Fotolia.com. Page 157 Brad Pict – Fotolia.com. Page 162 Lukas Gojda – Fotolia.com. Page 166 tobi – 123rf.com. Page 168 Floortje – istockphoto.com. Page 171 gtranquillity – Fotolia.com. Page 173 maria elena pueyo ruiz – 123rf.com. Page 176 mitrs3 – istockphoto.com.

73854 - (I) - (1,2) - OSB 90° - 166 - NOC - MLN

JOUVE
1, rue du Docteur Sauvé, 53100 MAYENNE
Dépôt légal : mars 2016

Imprimé en France

www.ingramcontent.com/pod-product-compliance
Lightning Source LLC
Chambersburg PA
CBHW071446230926
51846CB00001B/364
* 9 7 8 2 1 0 0 7 3 8 5 4 0 *